루 장 쏙셈 플러스

KB094733

"연산 문제는 잘 푸는데 문장제만 보면 머리가 멍해져요."

"문제를 어떻게 풀어야 할지 모르겠어요."

"문제에서 무엇을 구해야 할지 이해하기가 힘들어요."

연산 문제는 척척 풀 수 있는데

문장제를 보면 문제를 풀기도 전에

어렵게 느껴지나요?

하지만 연산 문제도 처음부터 쉬웠던 것은 아닐 거예요.

반복 학습을 통해 계산법을 익히면서 잘 풀게 된 것이죠.

문장제를 학습할 때에도 마찬가지입니다.

단순하게 연산만 적용하는 문제부터 점점 난이도를 높여 가며,

문제를 이해하고 풀이 과정을 반복하여 연습하다 보면

문장제에 대한 두려움은 사라지고

아무리 복잡한 문장제라도 척척 풀어낼 수 있을 거예요.

『하루 한장 쏙셈+』는

가장 단순한 문장제부터 한 단계 높은 응용 문제까지

알차게 구성하였어요.

자, 우리 함께 시작해 볼까요?

구성과 특징

1일차

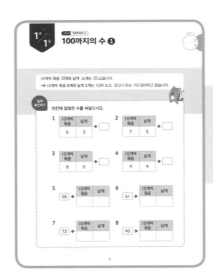

● 주제별 개념을 확인합니다.

● 개념을 확인하는 기본 문제를 풀며 실력을 점검합니다.

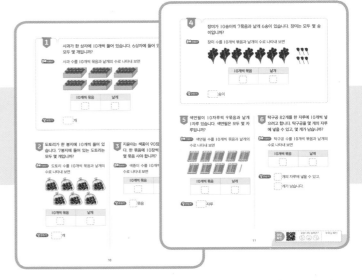

● 주제별로 가장 단순한 문장제를 『문제 이해하기 ➡ 식 세우기 ➡ 답 구하기』 단계를 따라가며 풀어 보면서 문제풀이의 기초를 다집니다.

● 문제는 예제, 유제 형태로 구성되어 있어 반복 학습이 가능합니다.

2일차

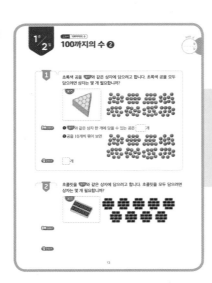

● 1일차 학습 내용을 다시 한 번 확인합니다.

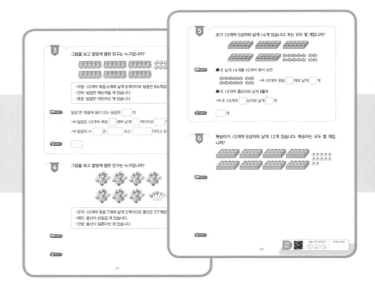

● 주제별 1일차보다 난이도 있는 다양한 유형의 문제를 예제, 유제 형태로 구성하였습니다.

● 교과서에서 다루고 있는 문제 중에서 교과 역량을 키울 수 있는 문제를 선별하여 수록하였습니다.

● 창의력을 키우는 수학 놀이터로 하루 학습을 마무리합니다.

● 학습에 대한 부담은 줄이고, 수학에 대한 흥미, 자신감을 최대로 끌어올릴 수 있습니다.

● 창의력을 키우는 수학 놀이터로 하루 학습을 마무리합니다.

● 학습에 대한 부담은 줄이고, 수학에 대한 흥미, 자신감을 최대로 끌어올릴 수 있습니다.

쏙셈➕는
주제별로 2일 학습으로 구성되어 있습니다.

1일차 학습을 통해 **기본 개념**을 다지고,

2일차 학습을 통해 **문장제 적용 훈련**을 할 수 있습니다.

단원의
마무리 학습

● 단원에서 배웠던 내용을 되짚어 보며 실력을 점검합니다.

● 수학적으로 생각하는 힘을 키울 수 있는 문제를 수록하였습니다.

차례

100까지의 수

세 수의 덧셈과 뺄셈

덧셈구구와 뺄셈구구

덧셈과 뺄셈

『하루 한장 쏙셈➕』
이렇게 활용해요!

🐱 교과서와 연계 학습을!

교과서에 따른 모든 영역별 연산 부분에서 다양한 유형의 문장제를 만날 수 있습니다.
『하루 한장 쏙셈➕』는 학기별 교과서와 연계되어 있으므로 방학 중 선행 학습 교재나
학기 중 진도 교재로 사용할 수 있습니다.

🐱 실력이 쑥쑥!

수학의 기본이 되는 연산 학습을 체계적으로 학습했다면, 문장으로 된 문제를 이해하
고 어떻게 풀어야 하는지 수학적으로 사고하는 힘을 길러야 합니다.
『하루 한장 쏙셈➕』로 문제를 이해하고 그에 맞게 식을 세워서 풀이하는 과정을 반복
함으로써 문제 푸는 실력을 키울 수 있습니다.

🐱 문장제를 집중적으로!

문장제는 연산을 적용하는 가장 단순한 문제부터 난이도를 점점 높여 가며 문제 푸
는 과정을 반복하는 학습이 필요합니다. 『하루 한장 쏙셈➕』로 문장제를 해결하는 과
정을 집중적으로 훈련하면 특정 문제에 대한 풀이가 아닌 어떤 문제를 만나도 스스로
해결 방법을 생각해 낼 수 있는 힘을 기를 수 있습니다.

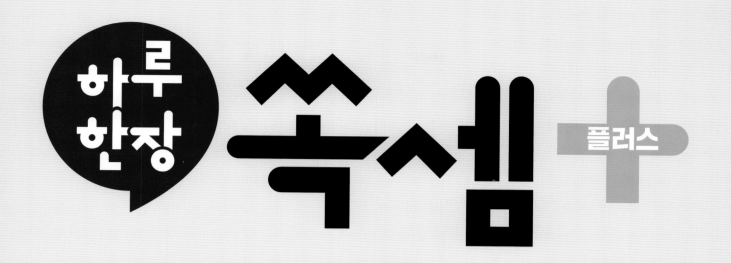

2권 | 초등 수학 1-2

1 주차 · 1주 1일 · 1주 2일 · 1주 3일 · 1주 4일 · 1주 5일

2 주차 · 2주 1일 · 2주 2일 · 2주 3일 · 2주 4일 · 2주 5일

3 주차 · 3주 1일 · 3주 2일 · 3주 3일 · 3주 4일 · 3주 5일

4 주차 · 4주 1일 · 4주 2일 · 4주 3일 · 4주 4일 · 4주 5일

5 주차 · 5주 1일 · 5주 2일 · 5주 3일 · 5주 4일 · 5주 5일

6 주차 · 6주 1일 · 6주 2일 · 6주 3일 · 6주 4일 · 6주 5일

7 주차 · 7주 1일 · 7주 2일 · 7주 3일 · 7주 4일 · 7주 5일

8 주차 · 8주 1일 · 8주 2일 · 8주 3일 · 8주 4일 · 8주 5일

쏙셈➕ 40일 학습을 완성했을 때의
부모님과의 약속

2권 1학년 2학기

하루 한 장 공부 습관을 기르는 **학습 계획표**

교과서	주제명	진도	학습 계획일		목표 달성도
100까지의 수	100까지의 수 ❶	1주 1일	월	일	♡♡♡♡♡
	100까지의 수 ❷	1주 2일	월	일	♡♡♡♡♡
	100까지 수의 순서 ❶	1주 3일	월	일	♡♡♡♡♡
	100까지 수의 순서 ❷	1주 4일	월	일	♡♡♡♡♡
	수의 크기 비교 ❶	1주 5일	월	일	♡♡♡♡♡
	수의 크기 비교 ❷	2주 1일	월	일	♡♡♡♡♡
	짝수와 홀수	2주 2일	월	일	♡♡♡♡♡
	단원 마무리	2주 3일	월	일	♡♡♡♡♡
세 수의 덧셈과 뺄셈	세 수의 덧셈 ❶	2주 4일	월	일	♡♡♡♡♡
	세 수의 덧셈 ❷	2주 5일	월	일	♡♡♡♡♡
	세 수의 뺄셈 ❶	3주 1일	월	일	♡♡♡♡♡
	세 수의 뺄셈 ❷	3주 2일	월	일	♡♡♡♡♡
	두 수를 바꾸어 더하기	3주 3일	월	일	♡♡♡♡♡
	10이 되는 더하기	3주 4일	월	일	♡♡♡♡♡
	10에서 빼기	3주 5일	월	일	♡♡♡♡♡
	10을 만들어 더하기 ❶	4주 1일	월	일	♡♡♡♡♡
	10을 만들어 더하기 ❷	4주 2일	월	일	♡♡♡♡♡
	□의 값 구하기	4주 3일	월	일	♡♡♡♡♡
	계산 결과의 크기 비교	4주 4일	월	일	♡♡♡♡♡
	단원 마무리	4주 5일	월	일	♡♡♡♡♡
덧셈구구와 뺄셈구구	10을 이용하여 모으기와 가르기	5주 1일	월	일	♡♡♡♡♡
	(몇)+(몇)=(십몇) ❶	5주 2일	월	일	♡♡♡♡♡
	(몇)+(몇)=(십몇) ❷	5주 3일	월	일	♡♡♡♡♡
	(십몇)-(몇)=(몇) ❶	5주 4일	월	일	♡♡♡♡♡
	(십몇)-(몇)=(몇) ❷	5주 5일	월	일	♡♡♡♡♡
	계산 결과의 크기 비교	6주 1일	월	일	♡♡♡♡♡
	단원 마무리	6주 2일	월	일	♡♡♡♡♡
덧셈과 뺄셈	받아올림이 없는 (두 자리 수)+(한 자리 수) ❶	6주 3일	월	일	♡♡♡♡♡
	받아올림이 없는 (두 자리 수)+(한 자리 수) ❷	6주 4일	월	일	♡♡♡♡♡
	받아올림이 없는 (두 자리 수)+(두 자리 수) ❶	6주 5일	월	일	♡♡♡♡♡
	받아올림이 없는 (두 자리 수)+(두 자리 수) ❷	7주 1일	월	일	♡♡♡♡♡
	그림을 보고 덧셈하기	7주 2일	월	일	♡♡♡♡♡
	받아내림이 없는 (두 자리 수)-(한 자리 수) ❶	7주 3일	월	일	♡♡♡♡♡
	받아내림이 없는 (두 자리 수)-(한 자리 수) ❷	7주 4일	월	일	♡♡♡♡♡
	받아내림이 없는 (두 자리 수)-(두 자리 수) ❶	7주 5일	월	일	♡♡♡♡♡
	받아내림이 없는 (두 자리 수)-(두 자리 수) ❷	8주 1일	월	일	♡♡♡♡♡
	그림을 보고 뺄셈하기	8주 2일	월	일	♡♡♡♡♡
	□의 값 구하기	8주 3일	월	일	♡♡♡♡♡
	계산 결과의 크기 비교	8주 4일	월	일	♡♡♡♡♡
	단원 마무리	8주 5일	월	일	♡♡♡♡♡

100까지의 수

이렇게 배우고 있어요!

배운 내용

[1-1]
· 50까지의 수

단원 내용

· 100까지의 수 읽고 쓰기
· 100까지 수의 순서
· 100까지 수의 크기 비교하기
· 짝수와 홀수 알아보기

배울 내용

[2-1]
· 세 자리 수

학습 계획 세우기

공부할 내용에 대한 계획을 세우고,
학습해 보아요!

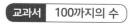
100까지의 수 ❶

10개씩 묶음 ☐개와 낱개 △개는 ☐△입니다.

➡ 10개씩 묶음 8개와 낱개 2개는 82라 쓰고, 팔십이 또는 여든둘이라고 읽습니다.

실력 확인하기

빈칸에 알맞은 수를 써넣으시오.

1

10개씩 묶음	낱개
6	3

➡ ☐

2

10개씩 묶음	낱개
7	5

➡ ☐

3

10개씩 묶음	낱개
8	0

➡ ☐

4

10개씩 묶음	낱개
9	9

➡ ☐

5

58 ➡

10개씩 묶음	낱개

6

61 ➡

10개씩 묶음	낱개

7

72 ➡

10개씩 묶음	낱개

8

90 ➡

10개씩 묶음	낱개

1 사과가 한 상자에 10개씩 들어 있습니다. 6상자에 들어 있는 사과는 모두 몇 개입니까?

문제 이해하기 사과 수를 10개씩 묶음과 낱개의 수로 나타내 보면

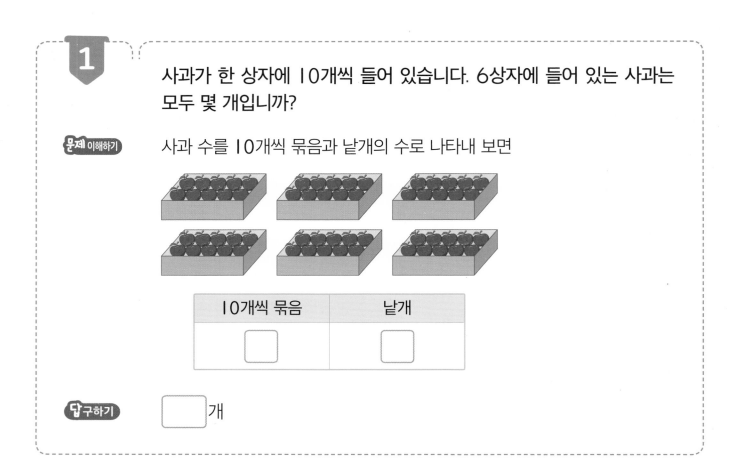

10개씩 묶음	낱개

답 구하기 [ ] 개

---

2 도토리가 한 봉지에 10개씩 들어 있습니다. 7봉지에 들어 있는 도토리는 모두 몇 개입니까?

문제 이해하기 도토리 수를 10개씩 묶음과 낱개의 수로 나타내 보면

10개씩 묶음	낱개

답 구하기 [ ] 개

---

3 지윤이는 색종이 90장을 사려고 합니다. 한 묶음에 10장씩 있는 색종이를 몇 묶음 사야 합니까?

문제 이해하기 색종이 수를 10개씩 묶음과 낱개의 수로 나타내 보면

10개씩 묶음	낱개

답 구하기 [ ] 묶음

4

장미가 10송이씩 7묶음과 낱개 6송이 있습니다. 장미는 모두 몇 송이입니까?

문제 이해하기 장미 수를 10개씩 묶음과 낱개의 수로 나타내 보면

10개씩 묶음	낱개
☐	☐

답 구하기 ☐ 송이

5

색연필이 10자루씩 9묶음과 낱개 1자루 있습니다. 색연필은 모두 몇 자루입니까?

문제 이해하기 색연필 수를 10개씩 묶음과 낱개의 수로 나타내 보면

10개씩 묶음	낱개
☐	☐

답 구하기 ☐ 자루

6

탁구공 82개를 한 자루에 10개씩 넣으려고 합니다. 탁구공을 몇 개의 자루에 넣을 수 있고, 몇 개가 남습니까?

문제 이해하기 탁구공 수를 10개씩 묶음과 낱개의 수로 나타내 보면

10개씩 묶음	낱개
☐	☐

답 구하기 ☐ 개의 자루에 넣을 수 있고,

☐ 개가 남습니다.

재미있는 가게 놀이

친구들이 가게 놀이를 하고 있어요.
누리가 가게 주인을 하고 미래랑 대한이가 손님을 하기로 했어요.
미래랑 대한이가 내야 하는 돈만큼 지갑 속의 돈을 색칠해 보세요.

- 햄버거: 85원
- 감자 튀김: 65원
- 음료수: 70원

누리

햄버거 하나 주세요.

음료수 하나 주세요.

미래

대한

교과서 100까지의 수

100까지의 수 ❷

초록색 공을 보기와 같은 상자에 담으려고 합니다. 초록색 공을 모두 담으려면 상자는 몇 개 필요합니까?

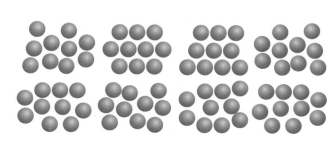

문제 이해하기

❶ 보기와 같은 상자 한 개에 담을 수 있는 공은 ▢ 개

❷ 공을 10개씩 묶어 보면

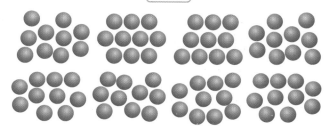

답 구하기

▢ 개

초콜릿을 보기와 같은 상자에 담으려고 합니다. 초콜릿을 모두 담으려면 상자는 몇 개 필요합니까?

문제 이해하기

답 구하기

3 그림을 보고 알맞게 말한 친구는 누구입니까?

> · 아영: 10개씩 묶음 6개와 낱개 8개이므로 달걀은 86개입니다.
> · 인하: 달걀은 예순여덟 개 있습니다.
> · 호준: 달걀은 여든여섯 개 있습니다.

 달걀 한 묶음에 들어 있는 달걀은 ☐ 개

➡ 달걀은 10개씩 묶음 ☐ 개와 낱개 ☐ 개이므로 ☐ 개입니다.

➡ 달걀의 수 ☐ 은 ☐ 또는 ☐ 이라고 읽습니다.

답구하기 ☐

---

4 그림을 보고 알맞게 말한 친구는 누구입니까?

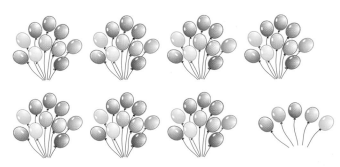

> · 은지: 10개씩 묶음 7개와 낱개 5개이므로 풍선은 57개입니다.
> · 태민: 풍선이 쉰일곱 개 있습니다.
> · 진영: 풍선이 일흔다섯 개 있습니다.

 문제 이해하기

 답구하기

초가 10개씩 5상자와 낱개 14개 있습니다. 초는 모두 몇 개입니까?

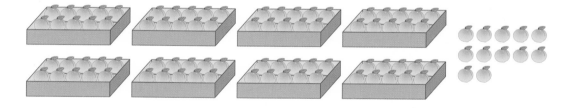

문제 이해하기

❶ 초 낱개 14개를 10개씩 묶어 보면

 ➡ 10개씩 묶음 ☐ 개와 낱개 ☐ 개

❷ 초 10개씩 5상자와 낱개 14개

➡ 초 10개씩 ☐ 상자와 낱개 ☐ 개

답 구하기

☐ 개

6

복숭아가 10개씩 8상자와 낱개 12개 있습니다. 복숭아는 모두 몇 개입니까?

문제 이해하기

답 구하기

바나나 줍기

세 원숭이는 각자 길을 가다가 바나나가 있으면 바구니에 담으려고 해요.
원숭이가 가려는 길을 선으로 잇고, 원숭이가 담은 바나나 개수를 바구니에
써 주세요.

교과서 100까지의 수

100까지 수의 순서 ❶

수를 순서대로 셀 때 바로 앞의 수가 1 작은 수, 바로 뒤의 수가 1 큰 수입니다.

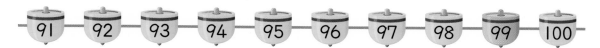

91 92 93 94 95 96 97 98 99 100

99보다 1 작은 수는 98이고, 99보다 1 큰 수는 100입니다.

실력
확인하기

□ 안에 알맞은 수를 써넣으시오.

1 52 — 53 — □ — □

2 58 — □ — 60 — □

3 64 — □ — 66 — □

4 69 — □ — □ — 72

5 □ — 76 — □ — 78

6 □ — 81 — □ — 83

7 88 — □ — □ — 91

8 97 — 98 — □ — □

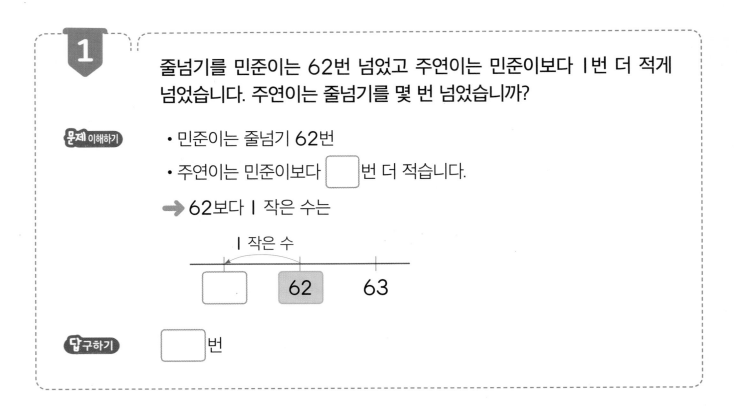

1 줄넘기를 민준이는 62번 넘었고 주연이는 민준이보다 1번 더 적게 넘었습니다. 주연이는 줄넘기를 몇 번 넘었습니까?

문제 이해하기

- 민준이는 줄넘기 62번
- 주연이는 민준이보다 ☐ 번 더 적습니다.

➡ 62보다 1 작은 수는

1 작은 수

☐ 62 63

답 구하기 ☐ 번

---

2 상자 안에 노란색 구슬은 76개 있고 빨간색 구슬은 노란색 구슬보다 1개 더 많이 있습니다. 빨간색 구슬은 몇 개입니까?

문제 이해하기
- 노란색 구슬은 76개
- 빨간색 구슬은 노란색 구슬보다 ☐ 개 더 많습니다.

➡ 76보다 1 큰 수는

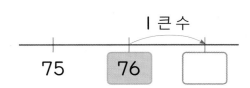

1 큰 수

75 76 ☐

답 구하기 ☐ 개

---

3 지우와 동생은 은행에서 번호표를 뽑았습니다. 지우가 뽑은 번호는 98번이고 동생은 지우보다 1 큰 수를 뽑았습니다. 동생이 뽑은 번호는 몇 번입니까?

문제 이해하기
- 지우의 번호는 98번
- 동생은 지우보다 ☐ 큰 수

➡ 98보다 1 큰 수는

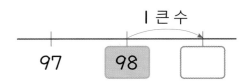

1 큰 수

97 98 ☐

답 구하기 ☐ 번

4 종이에 10개씩 묶음 5개와 낱개 8개인 수가 적혀 있습니다. 종이에 적힌 수보다 1 큰 수는 얼마입니까?

문제 이해하기

❶ 10개씩 묶음 5개와 낱개 8개인 수는 ☐

❷ ☐ 보다 1 큰 수는

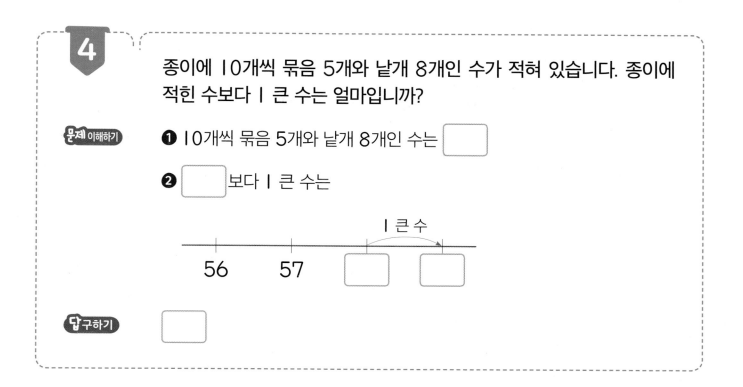

1 큰 수

56　　57　　☐　　☐

답 구하기 ☐

---

5 칠판에 10개씩 묶음 7개와 낱개 4개인 수가 적혀 있습니다. 칠판에 적힌 수보다 1 작은 수는 얼마입니까?

문제 이해하기

❶ 10개씩 묶음 7개와 낱개 4개인 수는 ☐

❷ ☐ 보다 1 작은 수는

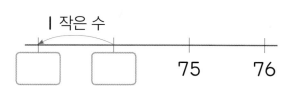

1 작은 수

☐　　☐　　75　　76

답 구하기 ☐

---

6 설명하는 수보다 1 작은 수는 얼마입니까?

10개씩 묶음 8개와 낱개 13개

문제 이해하기

❶ 낱개 13개는

10개씩 묶음 ☐ 개와 낱개 ☐ 개

와 같습니다.

❷ 10개씩 묶음 8개와 낱개 13개

➡ 10개씩 묶음 ☐ 개와 낱개 ☐ 개

➡ 수로 나타내 보면 ☐

답 구하기 ☐

1 작은 수를 구해야 해.

정답 확인　오늘 나의 실력은?　부모님 확인

재미있는 수학 놀이터

보물을 지켜라!

악당이 보물을 훔쳐 가겠다고 예고장을 보냈어요.
수의 순서를 거꾸로 하여 점을 이어 보세요. 완성된 그림이 악당이 빼앗으려
는 보물이에요. 보물이 무엇인지 ◯표 하세요.

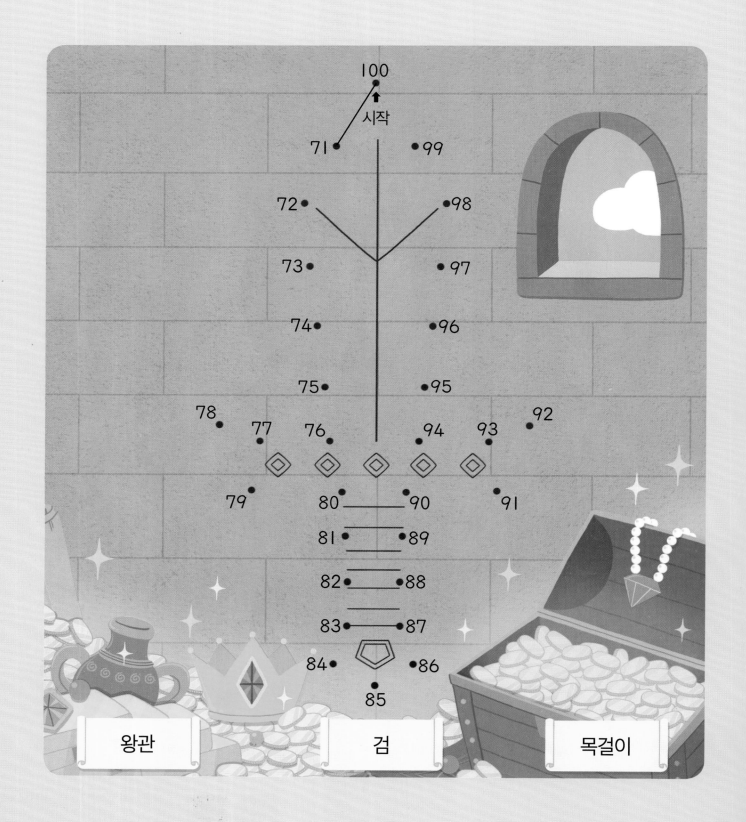

| 왕관 | 검 | 목걸이 |

100까지 수의 순서 ❷

1

정수네 집 TV 리모컨은 ▲를 한 번 누르면 채널 번호가 1만큼 커지고 ▼를 한 번 누르면 채널 번호가 1만큼 작아집니다. TV 채널이 71번일 때 정수가 ▲를 3번 누르면 몇 번 채널이 나옵니까?

문제 이해하기

리모컨에서 ▲를 3번 누르면 채널 번호는 3만큼 (커집니다 , 작아집니다).

➡ 71에서 1씩 커지는 순서대로 수를 써 보면

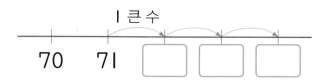

1 큰 수

70 71 ☐ ☐ ☐

답 구하기

☐ 번

2

TV 채널이 65번일 때 정수가 번의 리모컨에서 ▼를 2번 눌렀습니다. 몇 번 채널이 나옵니까?

문제 이해하기

답 구하기

세영이와 호진이가 도서관에 갔습니다. 열람실 자리의 번호가 세영이는 56번, 호진이는 61번입니다. 세영이와 호진이 사이에 있는 자리는 모두 몇 개입니까?

문제 이해하기

56부터 61까지의 수를 순서대로 써 보면

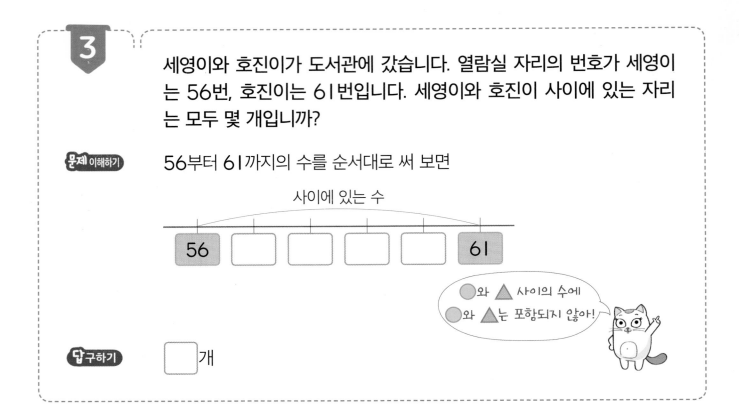

사이에 있는 수

| 56 | | | | | 61 |

○와 △ 사이의 수에
○와 △는 포함되지 않아!

답 구하기

☐ 개

진우와 아영이는 공연장에 갔습니다. 진우의 자리는 78번이고 아영이의 자리는 84번입니다. 진우와 아영이 사이에 있는 자리는 모두 몇 개입니까?

문제 이해하기

답 구하기

5

어떤 수보다 1 큰 수는 91입니다. 어떤 수보다 1 작은 수는 무엇입니까?

문제 이해하기

어떤 수보다 1 큰 수는 ☐ 이므로

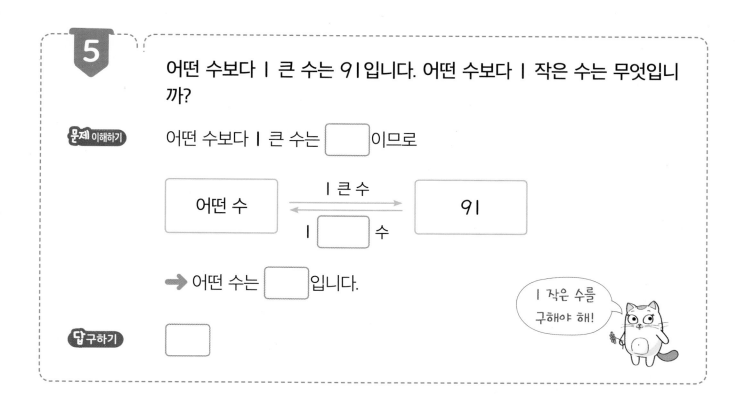

어떤 수 ⟷ 1 큰 수 ⟷ 91

1 ☐ 수

➡ 어떤 수는 ☐ 입니다.

1 작은 수를 구해야 해!

답 구하기

☐

6

어떤 수보다 1 작은 수는 69입니다. 어떤 수보다 1 큰 수는 무엇입니까?

문제 이해하기

답 구하기

화살 쏘기 놀이

지율이와 준하가 각각 화살을 20개씩 쐈어요.
준하는 지율이보다 점수가 높다고 해요. 준하는 지율이보다 몇 점 더 높은지
써 보세요. 수의 순서를 이용하면 알 수 있을 거에요.

수의 크기 비교 ❶

❶ 10개씩 묶음의 수가 다를 때에는 10개씩 묶음의 수가 클수록 큰 수입니다.

➡ 57과 61의 크기를 비교해 보면
  61 > 57
  57 < 61

❷ 10개씩 묶음의 수가 같을 때에는 낱개의 수가 클수록 큰 수입니다.

➡ 82와 85의 크기를 비교해 보면
  85 > 82
  82 < 85

실력
확인하기

○ 안에 >, <를 알맞게 써넣으시오.

1 53 ○ 68

2 67 ○ 74

3 70 ○ 63

4 85 ○ 91

5 56 ○ 51

6 62 ○ 69

7 87 ○ 84

8 98 ○ 90

1

수족관에 열대어는 74마리 있고, 금붕어는 59마리 있습니다. 열대어와 금붕어 중 어느 것이 더 많습니까?

문제 이해하기 열대어와 금붕어 수의 10개씩 묶음을 나타내 보면

물고기	수	10개씩 묶음
열대어	74	☐
금붕어	59	☐

➔ 10개씩 묶음의 수를 비교해 보면 ☐ > ☐

답 구하기 ☐

---

2 동화책을 태호는 88쪽, 예주는 92쪽 읽었습니다. 동화책을 더 많이 읽은 사람은 누구입니까?

문제 이해하기 태호와 예주가 읽은 쪽수의 10개씩 묶음을 나타내 보면

이름	읽은 쪽수	10개씩 묶음
태호	88	☐
예주	92	☐

➔ 10개씩 묶음의 수를 비교해 보면

☐ < ☐

답 구하기 ☐

---

3 빨간색 풍선이 65개, 파란색 풍선이 아흔 개 있습니다. 무슨 색 풍선이 더 적게 있습니까?

문제 이해하기 ❶ 아흔을 수로 나타내 보면 ☐

❷ 빨간색 풍선과 파란색 풍선 수의 10개씩 묶음을 나타내 보면

풍선	수	10개씩 묶음
빨간색 풍선	65	☐
파란색 풍선	☐	☐

➔ 10개씩 묶음의 수를 비교해 보면

☐ < ☐

답 구하기 ☐ 풍선

4 은서 할머니의 연세는 73세이고 정우 할머니의 연세는 75세입니다. 두 할머니 중 어느 할머니의 연세가 더 적습니까?

문제 이해하기 은서 할머니와 정우 할머니 연세를 10개씩 묶음과 낱개의 수로 나타내 보면

할머니	연세	10개씩 묶음	낱개
은서 할머니	73세	7	☐
정우 할머니	75세	7	☐

➡ 10개씩 묶음의 수가 같으므로

낱개의 수를 비교해 보면 ☐ < ☐

답 구하기 ☐ 할머니

5 문구점 진열장에 국어 공책은 59권, 수학 공책은 52권 꽂혀 있습니다. 진열장에 더 적게 꽂혀 있는 공책은 무엇입니까?

문제 이해하기 국어 공책과 수학 공책 수를 10개씩 묶음과 낱개의 수로 나타내 보면

공책	수	10개씩 묶음	낱개
국어 공책	59	5	☐
수학 공책	52	5	☐

➡ 10개씩 묶음의 수가 같으므로

낱개의 수를 비교해 보면 ☐ > ☐

답 구하기 ☐ 공책

6 감자를 가영이는 10개씩 묶음 8개와 낱개 4개, 현미는 86개 캤습니다. 감자를 더 많이 캔 사람은 누구입니까?

문제 이해하기 ❶ 10개씩 묶음 8개와 낱개 4개인 수는 ☐

❷ 가영이와 현미가 캔 감자 수를 10개씩 묶음과 낱개의 수로 나타내 보면

이름	감자 수	10개씩 묶음	낱개
가영	☐	8	☐
현미	86	8	☐

➡ 10개씩 묶음의 수가 같으므로

낱개의 수를 비교해 보면 ☐ < ☐

답 구하기 ☐

정답 확인 | 오늘 나의 실력은? | 부모님 확인

멀리뛰기 시합

친구끼리 멀리뛰기 시합을 했어요.
다음 기록을 보고 3등인 친구에게 ◯표 하세요.

멀리뛰기 기록

하율: 100 cm　　　나연: 81 cm

지아: 87 cm　　　민아: 97 cm

나연

하율

지아

민아

수의 크기 비교 ❷

1

□ 안에 알맞은 수를 써넣으시오.

| 35 | 91 | 39 | 53 |

40보다 작은 수

40보다 큰 수

□ < □   □ < □

문제 이해하기

• 40보다 작은 수는 □ , □

➡ 이 두 수의 크기를 비교해 보면 □ < □

10개씩 묶음의 수
→ 낱개의 수를
차례대로 비교해 봐!

• 40보다 큰 수는 □ , □

➡ 이 두 수의 크기를 비교해 보면 □ < □

답 구하기

(왼쪽에서부터) □ , □ , □ , □

2

□ 안에 알맞은 수를 써넣으시오.

| 46 | 64 | 24 | 68 |

50보다 작은 수

50보다 큰 수

□ < □   □ < □

문제 이해하기

답 구하기

딱지를 진호는 76장, 수빈이는 82장 가지고 있고, 윤재는 진호보다 1장 더 많이 가지고 있습니다. 딱지를 많이 가지고 있는 순서대로 이름을 써 보시오.

문제 이해하기

❶
- 진호는 딱지 76장
- 윤재는 진호보다 [ ]장 더 많습니다. → 윤재의 딱지는 [ ]장

❷ 진호, 수빈, 윤재가 가지고 있는 딱지 수를 10개씩 묶음과 낱개의 수로 나타내 보면

이름	딱지 수	10개씩 묶음	낱개
진호	76	[ ]	[ ]
수빈	82	[ ]	[ ]
윤재	[ ]	[ ]	[ ]

→ [ ] < [ ] < [ ]

답 구하기 [ ] , [ ] , [ ]

줄넘기를 지수는 58번, 은지는 60번 넘었고, 수아는 은지보다 1번 더 적게 넘었습니다. 줄넘기를 적게 넘은 순서대로 이름을 써 보시오.

문제 이해하기

답 구하기

3장의 수 카드 중에서 2장을 골라 한 번씩만 사용하여 몇십몇을 만들려고 합니다. 만들 수 있는 가장 큰 수를 구하시오.

5	7	1

 ❶ 수 카드에 적힌 수를 큰 수부터 순서대로 써 보면

☐ , ☐ , ☐

❷ 가장 큰 수를 만들려면

10개씩 묶음의 수에 가장 큰 수인 ☐ 을 놓고,

낱개의 수에 둘째로 큰 수인 ☐ 를 놓습니다.

답 구하기 ☐

6

3장의 수 카드 중에서 2장을 뽑아 한 번씩만 사용하여 몇십몇을 만들려고 합니다. 만들 수 있는 가장 작은 수를 구하시오.

6	5	9

문제 이해하기

답 구하기

정답 확인   오늘 나의 실력은? 부모님 확인

재미있는 숫자 놀이

공에 적힌 수를 한 번씩만 사용하여 몇십몇을 만들고 있어요.
이번에는 가장 큰 수를 만든 친구의 소원을 들어주기로 했어요.
친구들은 만들 수 있는 가장 큰 수를 만들었어요.
소원을 말할 수 있는 친구에게 ○표 해 보세요.

교과서 100까지의 수

짝수와 홀수

2, 4, 6, 8, 10과 같이 둘씩 짝을 지을 수 있는 수를 **짝수**라 하고

1, 3, 5, 7, 9와 같이 둘씩 짝을 지을 수 없는 수를 **홀수**라 합니다.

실력
확인하기

짝수와 홀수 중 알맞은 말에 ◯표 하시오.

1 (4) — 짝수   홀수

2 (7) — 짝수   홀수

3 (10) — 짝수   홀수

4 (13) — 짝수   홀수

5 (15) — 짝수   홀수

6 (18) — 짝수   홀수

7 (22) — 짝수   홀수

8 (27) — 짝수   홀수

흰색 바둑돌 2개와 검은색 바둑돌 4개가 있습니다. 흰색 바둑돌 수와 검은색 바둑돌 수를 더하면 짝수인지 홀수인지 구하시오.

 ❶ 둘씩 짝을 지을 수 있는 수를 (짝수, 홀수)라 하고,
둘씩 짝을 지을 수 없는 수를 (짝수, 홀수)라 합니다.

❷ 흰색 바둑돌과 검은색 바둑돌을 둘씩 짝 지어 보면

답 구하기

---

2 흰색 바둑돌 4개와 검은색 바둑돌 3개가 있습니다. 흰색 바둑돌 수와 검은색 바둑돌 수를 더하면 짝수인지 홀수인지 구하시오.

문제 이해하기   흰색 바둑돌과 검은색 바둑돌을 둘씩 짝 지어 보면

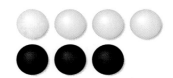

답 구하기

---

3 흰색 바둑돌 3개와 검은색 바둑돌 6개가 있습니다. 지훈이와 두리 중 바르게 말한 사람은 누구입니까?

흰색 바둑돌 수와 검은색 바둑돌 수를 더하면 짝수야!

흰색 바둑돌 수와 검은색 바둑돌 수를 더하면 홀수야!

지훈   두리

문제 이해하기   흰색 바둑돌과 검은색 바둑돌을 둘씩 짝 지어 보면

답 구하기

4

다음 소극장의 자리 중 초록색 자리는 예약된 자리입니다. 예약된 자리의 수는 짝수인지 홀수인지 구하시오.

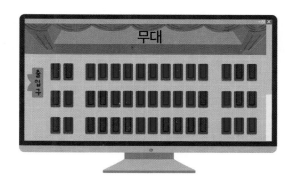

문제 이해하기

❶ 10보다 큰 수에서 낱개의 수가 2, 4, 6, 8, 0이면 (짝수, 홀수)이고, 10보다 큰 수에서 낱개의 수가 1, 3, 5, 7, 9이면 (짝수, 홀수)입니다.

❷ 초록색 자리의 수를 세어 보면 ☐

　→ 10개씩 묶음 ☐ 개와 낱개 ☐ 개

낱개의 수를 확인해 봐!

답 구하기 ☐

5

④번 소극장의 자리를 보고 예약이 안 된 자리의 수는 짝수인지 홀수인지 구하시오.

문제 이해하기 검은색 자리의 수를 세어 보면 ☐

→ 10개씩 묶음 ☐ 개와 낱개 ☐ 개

답 구하기 ☐

6

주희네 가족이 고속버스를 타고 여행을 가려고 합니다. 다음 수가 고속버스의 자리 번호일 때, 자리 번호가 짝수인 사람은 모두 몇 명입니까?

| 28 | 29 | 30 | 31 | 32 |
| 어머니 | 오빠 | 주희 | 동생 | 아버지 |

문제 이해하기 주희네 가족의 자리 번호의 낱개의 수를 나타내 보면

가족	어머니	오빠	주희	동생	아버지
낱개	8	☐	☐	☐	☐

답 구하기 ☐ 명

팀 나누기

운동회에서 이어달리기를 하기 위해 선수를 뽑으려고 해요.
다음 기준으로 선수를 뽑는다고 할 때, A조에 속하는 친구는 ○표, B조에
속하는 친구는 △표 해 주세요.

1. A조: 육십삼과 육십칠 사이의 수 중에서 짝수만

2. B조: 칠십칠과 팔십이 사이의 수 중에서 홀수만

단원 마무리

01 오늘은 지혜 할머니의 생신입니다. 케이크의 긴 초는 10살, 짧은 초는 1살을 나타냅니다. 할머니의 연세는 몇 세입니까?

02 알맞은 곳을 찾아 이어 보시오.

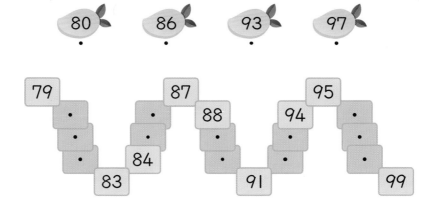

80   86   93   97

79   87   95
88   94
84
83   91   99

03 종이컵 78개를 한 봉지에 10개씩 담아 팔려고 합니다. 봉지에 담아 팔 수 있는 종이컵은 몇 봉지입니까?

04 학생은 모두 몇 명인지 구하고 어떻게 세었는지 설명해 보시오.

05 다음은 야구장에 간 찬우네 가족의 자리입니다. 찬우네 가족의 자리 번호 중 가장 큰 번호는 몇 번입니까?

- 가족 5명이 옆으로 나란히 앉아 있습니다.
- 찬우네 가족의 자리 번호 중 가장 작은 수는 83입니다.

06 어린이 마라톤 대회에서 홍철이는 64번째로 들어왔고, 경아는 71번째로 들어왔습니다. 홍철이와 경아 사이에 들어온 어린이는 모두 몇 명입니까?

07 수수깡을 민지는 10개씩 묶음 4개와 낱개 19개 가지고 있고, 지현이는 10개씩 묶음 6개와 낱개 2개 가지고 있습니다. 수수깡을 더 많이 가지고 있는 사람은 누구입니까?

08 1부터 9까지의 수 중에서 ㉠과 ㉡에 공통으로 들어갈 수 있는 수를 모두 구하시오.

$$42 < 4㉠ \qquad 73 > ㉡8$$

09 4장의 수 카드 중에서 2장을 뽑아 한 번씩만 사용하여 몇십몇을 만들려고 합니다. 만들 수 있는 가장 큰 수와 가장 작은 수를 각각 구하시오.

3	8	4	0

10 다음 조건을 모두 만족하는 수를 구하시오.

> • 쉰일곱보다 큰 수입니다.
> • 10개씩 묶음이 5개입니다.
> • 홀수입니다.

세 수의 덧셈과 뺄셈

이렇게 배우고 있어요!

배운 내용

[1-1]
• 한 자리 수의 덧셈
  과 뺄셈

단원 내용

• 한 자리 수인 세 수의
  덧셈과 뺄셈
• 10이 되는 더하기
• 10에서 빼기
• 합이 10이 되는 두 수를
  이용한 세 수의 덧셈

배울 내용

[1-2]
• 덧셈구구와 뺄셈구구
• 받아올림이 없는
  두 자리 수의 덧셈
• 받아내림이 없는
  두 자리 수의 뺄셈

학습 계획 세우기

공부할 내용에 대한 계획을 세우고,
학습해 보아요!

교과서 세 수의 덧셈과 뺄셈

세 수의 덧셈 ❶

2+1+3을 계산할 때에는

❶ 두 수를 먼저 더한 다음,

❷ 두 수를 더한 값에 나머지 한 수를 더합니다.

➡ 2 + 1 + 3 = 6
3
6

```
      2              3
  +   1          +   3
      3              6
```

실력 확인하기

□ 안에 알맞은 수를 써넣으시오.

1   1+2+4=□

```
      1          →  □
  +   2          +  4
      □             □
```

2   3+1+4=□

```
      3          →  □
  +   1          +  4
      □             □
```

3   3+2+3=□

```
      3          →  □
  +   2          +  3
      □             □
```

4   2+2+5=□

```
      2          →  □
  +   2          +  5
      □             □
```

5   1+6+2 =□

6   5+1+2=□

1

냉장고에 흰 우유 4개, 딸기 우유 3개, 바나나 우유 2개가 들어 있습니다. 냉장고에 들어 있는 우유는 모두 몇 개입니까?

문제 이해하기 딸기 우유 수만큼 △, 바나나 우유 수만큼 □를 그려 보면

🥛	🥛	🥛	🥛					

식 세우기

(냉장고에 들어 있는 우유 수)

＝(흰 우유 수)＋(딸기 우유 수)＋(바나나 우유 수)

＝☐＋☐＋☐＝☐

답 구하기 ☐개

---

2 바구니에 당근 2개, 오이 1개, 가지 3개가 들어 있습니다. 바구니에 들어 있는 채소는 모두 몇 개입니까?

문제 이해하기 오이 수만큼 △, 가지 수만큼 □를 그려 보면

식 세우기 (바구니에 들어 있는 채소 수)

＝(당근 수)＋(오이 수)＋(가지 수)

＝☐＋☐＋☐＝☐

답 구하기 ☐개

---

3 책상에 가위 4개, 풀 2개가 놓여 있습니다. 풀을 2개 더 놓았다면 책상에 놓인 가위와 풀은 모두 몇 개입니까?

문제 이해하기 책상에 놓인 풀 수만큼 △, 더 놓은 풀 수만큼 □를 그려 보면

✂️	✂️	✂️	✂️	

식 세우기 (책상에 놓인 가위와 풀 수)

＝(가위 수)＋(풀 수)

＋(더 놓은 풀 수)

＝☐＋☐＋☐＝☐

답 구하기 ☐개

4 그림을 보고 알맞은 덧셈식을 써 보시오.

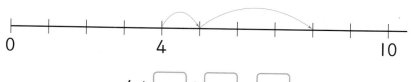

$$4+\boxed{}+\boxed{}=\boxed{}$$

문제 이해하기
- 오른쪽으로 갈수록 수가 (커집니다 , 작아집니다).
- 그림에서 0부터 4까지 4칸으로 나누어져 있으므로
  한 칸은 $\boxed{}$ 입니다.
- 화살표가 4에서 오른쪽으로 $\boxed{}$칸, $\boxed{}$칸 갑니다.

답 구하기 $4+\boxed{}+\boxed{}=\boxed{}$

---

5 그림을 보고 알맞은 덧셈식을 써 보시오

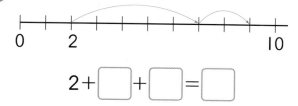

$$2+\boxed{}+\boxed{}=\boxed{}$$

문제 이해하기
- 그림에서 0부터 2까지 2칸으로 나누어져 있으므로 한 칸은 $\boxed{}$ 입니다.
- 화살표가 2에서 오른쪽으로 $\boxed{}$칸, $\boxed{}$칸 갑니다.

답 구하기 $2+\boxed{}+\boxed{}=\boxed{}$

---

6 그림을 보고 알맞은 덧셈식을 써 보시오

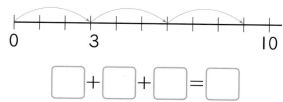

$$\boxed{}+\boxed{}+\boxed{}=\boxed{}$$

문제 이해하기
- 그림에서 0부터 3까지 3칸으로 나누어져 있으므로 한 칸은 $\boxed{}$ 입니다.
- 화살표가 0에서 오른쪽으로 $\boxed{}$칸, $\boxed{}$칸, $\boxed{}$칸 갑니다.

답 구하기 $\boxed{}+\boxed{}+\boxed{}=\boxed{}$

인형 꾸미기

미래가 인형 옷 가게에서 옷을 고르고 있어요.
옷을 사려면 보석이 필요하군요.
미래가 다음과 같이 인형을 꾸몄을 때, 보석은 모두 몇 개 필요한지 써 보세요.

필요한 보석: ☐ 개

46

세 수의 덧셈 ❷

1

축구 경기에서 몇 골을 넣었는지 나타낸 것입니다. I반이 넣은 골은 모두 몇 골입니까?

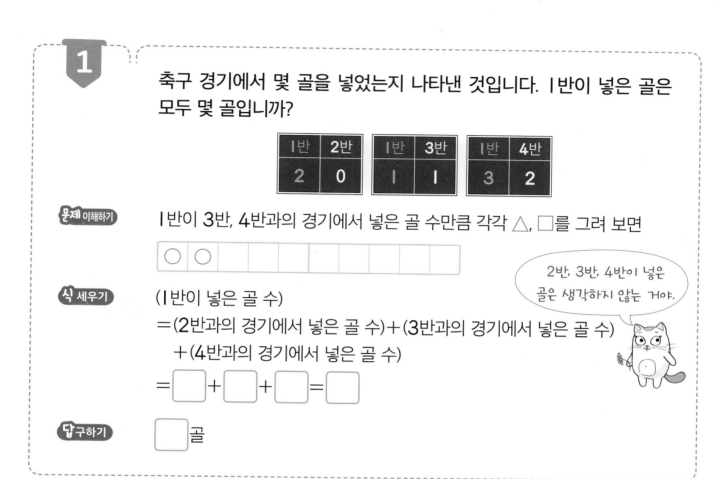

I반	2반		I반	3반		I반	4반
2	0		I	I		3	2

문제 이해하기

I반이 3반, 4반과의 경기에서 넣은 골 수만큼 각각 △, □를 그려 보면

○○□□□□□□□□

2반, 3반, 4반이 넣은 골은 생각하지 않는 거야.

식 세우기

(I반이 넣은 골 수)

＝(2반과의 경기에서 넣은 골 수)＋(3반과의 경기에서 넣은 골 수)

＋(4반과의 경기에서 넣은 골 수)

＝□＋□＋□＝□

답 구하기

□골

2

야구 경기에서 홈런을 몇 개 쳤는지 나타낸 것입니다. I반이 친 홈런은 모두 몇 개입니까?

I반	2반		I반	3반		I반	4반
I	3		2	0		I	2

문제 이해하기

식 세우기

답 구하기

그림을 보고 □ 안에 수를 써넣어 이야기를 완성하시오.

나는 종이학 □개를 접었어.

내가 □개를 접었으니 모두 □개야.

종이학 3개를 접었어.

미애   영준   지연

문제 이해하기

영준이가 접은 종이학 수를 세어 보면 □

지연이가 접은 종이학 수를 세어 보면 □

식 세우기

(미애, 영준, 지연이가 접은 종이학 수)
＝(미애가 접은 종이학 수)＋(영준이가 접은 종이학 수)
　＋(지연이가 접은 종이학 수)
＝3＋□＋□＝□

답 구하기

(왼쪽에서부터) □ , □ , □

4

그림을 보고 □ 안에 수를 써넣어 이야기를 완성하시오.

저는 만두 □개를 만들었어요.

내가 □개를 만들었으니 모두 □개야.

만두 4개를 만들었어.

엄마   민서   아빠

문제 이해하기

식 세우기

답 구하기

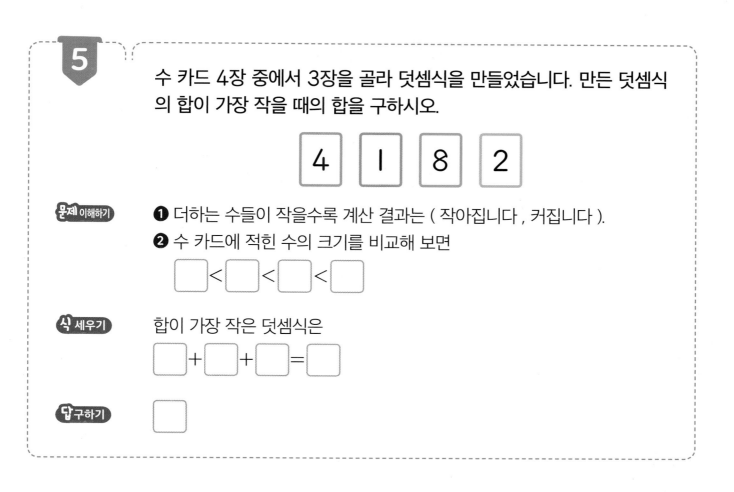

5 수 카드 4장 중에서 3장을 골라 덧셈식을 만들었습니다. 만든 덧셈식의 합이 가장 작을 때의 합을 구하시오.

| 4 | 1 | 8 | 2 |

문제 이해하기

❶ 더하는 수들이 작을수록 계산 결과는 (작아집니다 , 커집니다).

❷ 수 카드에 적힌 수의 크기를 비교해 보면

☐ < ☐ < ☐ < ☐

식 세우기

합이 가장 작은 덧셈식은

☐ + ☐ + ☐ = ☐

답 구하기

☐

6 수 카드 4장 중에서 3장을 골라 덧셈식을 만들었습니다. 만든 덧셈식의 합이 가장 작을 때의 합을 구하시오.

| 3 | 2 | 8 | 4 |

문제 이해하기

식 세우기

답 구하기

초밥을 가장 많이 먹은 사람은?

친구들이 회전 초밥을 먹으러 왔어요. 그릇 색깔에 따라 초밥의 개수가 다르
군요. 대한이, 미래, 누리 앞에 놓인 그릇을 보고, 가장 많이 먹은 친구에게
○표 하세요.

: 초밥 1개   : 초밥 2개

: 초밥 3개   : 초밥 4개

: 초밥 5개

누리

미래

대한

세 수의 뺄셈 ①

5−2−1을 계산할 때에는

❶ 앞의 두 수를 먼저 뺀 다음,

❷ 두 수를 뺀 값에서 나머지 한 수를 뺍니다.

➡ $5 - 2 - 1 = 2$

$$\begin{array}{r} 5 \\ -\ 2 \\ \hline 3 \end{array} \quad\rightarrow\quad \begin{array}{r} 3 \\ -\ 1 \\ \hline 2 \end{array}$$

실력 확인하기

□ 안에 알맞은 수를 써넣으시오.

1 $4-1-2=\boxed{}$

$$\begin{array}{r} 4 \\ -\ 1 \\ \hline \boxed{} \end{array} \quad\rightarrow\quad \begin{array}{r} \boxed{} \\ -\ 2 \\ \hline \boxed{} \end{array}$$

2 $6-3-1=\boxed{}$

$$\begin{array}{r} 6 \\ -\ 3 \\ \hline \boxed{} \end{array} \quad\rightarrow\quad \begin{array}{r} \boxed{} \\ -\ 1 \\ \hline \boxed{} \end{array}$$

3 $7-2-4=\boxed{}$

$$\begin{array}{r} 7 \\ -\ 2 \\ \hline \boxed{} \end{array} \quad\rightarrow\quad \begin{array}{r} \boxed{} \\ -\ 4 \\ \hline \boxed{} \end{array}$$

4 $9-2-3=\boxed{}$

$$\begin{array}{r} 9 \\ -\ 2 \\ \hline \boxed{} \end{array} \quad\rightarrow\quad \begin{array}{r} \boxed{} \\ -\ 3 \\ \hline \boxed{} \end{array}$$

5 $8-5-1=\boxed{}$

6 $6-1-2=\boxed{}$

1

지우는 연필 7자루를 가지고 있었습니다. 그중에서 주희에게 2자루를 주고 현수에게 3자루를 주었습니다. 지우에게 남은 연필은 몇 자루입니까?

문제 이해하기 주희에게 준 연필 수만큼 ╱으로, 현수에게 준 연필 수만큼 ✕로 지워 보면

| ○ | ○ | ○ | ○ | ○ | ○ | ○ | | |

식 세우기

(지우에게 남은 연필 수)

=(처음에 있던 연필 수)−(주희에게 준 연필 수)−(현수에게 준 연필 수)

= ☐ − ☐ − ☐ = ☐

답 구하기 ☐ 자루

2

소시지 8개 중에서 내가 3개를 먹고, 동생이 4개를 먹었습니다. 남은 소시지는 몇 개입니까?

문제 이해하기 내가 먹은 소시지 수만큼 ╱으로, 동생이 먹은 소시지 수만큼 ✕로 지워 보면

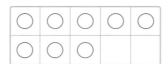

식 세우기 (남은 소시지 수)

=(처음에 있던 소시지 수)

− (내가 먹은 소시지 수)

− (동생이 먹은 소시지 수)

답 구하기 ☐ 개

3

버스에 9명이 타고 있었는데 공원 앞에서 1명, 도서관 앞에서 5명이 내렸습니다. 버스에 남은 사람은 몇 명입니까?

문제 이해하기 공원 앞에서 내린 사람 수만큼 ╱으로, 도서관 앞에서 내린 사람 수만큼 ✕로 지워 보면

식 세우기 (버스에 남은 사람 수)

=(처음 버스에 타고 있던 사람 수)

− (공원 앞에서 내린 사람 수)

− (도서관 앞에서 내린 사람 수)

답 구하기 ☐ 명

그림을 보고 알맞은 뺄셈식을 써 보시오.

0   8   10

$8 - \boxed{} - \boxed{} = \boxed{}$

문제 이해하기

- 왼쪽으로 갈수록 수가 (커집니다 , 작아집니다).
- 그림에서 0부터 8까지 8칸으로 나누어져 있으므로
  한 칸은 $\boxed{}$ 입니다.
- 화살표가 8에서 왼쪽으로 $\boxed{}$ 칸, $\boxed{}$ 칸 갑니다.

답 구하기 $8 - \boxed{} - \boxed{} = \boxed{}$

---

5 그림을 보고 알맞은 뺄셈식을 써 보시오

0   9   10

$9 - \boxed{} - \boxed{} = \boxed{}$

문제 이해하기 • 그림에서 0부터 9까지 9칸으로 나누어져 있으므로 한 칸은 $\boxed{}$ 입니다.

- 화살표가 9에서 왼쪽으로 $\boxed{}$ 칸, $\boxed{}$ 칸 갑니다.

답 구하기 $9 - \boxed{} - \boxed{} = \boxed{}$

---

6 그림을 보고 알맞은 뺄셈식을 써 보시오

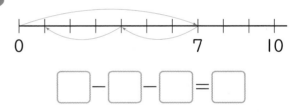

0   7   10

$\boxed{} - \boxed{} - \boxed{} = \boxed{}$

문제 이해하기 • 오른쪽으로 갈수록 수가 (커지고 , 작아지고), 왼쪽으로 갈수록 수가 (커집니다 , 작아집니다).

- 그림에서 0부터 7까지 7칸으로 나누어져 있으므로 한 칸은 $\boxed{}$ 입니다.
- 화살표가 0에서 오른쪽으로 $\boxed{}$ 칸 갔다가 왼쪽으로 $\boxed{}$ 칸, $\boxed{}$ 칸 갑니다.

답 구하기 $\boxed{} - \boxed{} - \boxed{} = \boxed{}$

정답 확인      오늘 나의 실력은?   부모님 확인

내 선물은?

지원이가 화살 3개를 쏘았어요. 노란색 과녁을 맞히면 적힌 수만큼 더하고
파란색 과녁을 맞히면 적힌 수만큼 빼야 한대요.
점수에 따라 선물을 주는군요. 지원이의 점수를 쓰고, 지원이가 받을 선물에
○표 해 보세요.

교과서 세 수의 덧셈과 뺄셈

세 수의 뺄셈 ❷

1

음악 소리의 크기를 7칸에서 1칸을 줄이고 다시 3칸을 줄였습니다.
지금 듣고 있는 음악 소리의 크기만큼 칸을 색칠해 보시오.

문제 이해하기 첫 번째로 줄인 칸 수만큼 /으로, 두 번째로 줄인 칸 수만큼 ✕로 지워 보면

○ ○ ○ ○ ○ ○ ○ ☐

식 세우기 (음악 소리 칸 수)=(처음 음악 소리 칸 수)−(첫 번째로 줄인 음악 소리 칸 수)

−(두 번째로 줄인 음악 소리 칸 수)

=☐−☐−☐=☐

답 구하기

2

시계 알람 소리의 크기를 9칸에서 5칸을 줄이고 다시 2칸을 줄였습니다.
지금 시계 알람 소리의 크기만큼 칸을 색칠해 보시오.

문제 이해하기

식 세우기

답 구하기

□ 안에 수를 써넣어 이야기를 완성하시오.

문제 이해하기

식 세우기

(남은 도넛 수)

＝(엄마가 사 온 도넛 수)－(찬우가 먹은 도넛 수)－(수아가 먹은 도넛 수)

＝□－□－□＝□

답 구하기

(왼쪽에서부터) □ , □ , □

□ 안에 수를 써넣어 이야기를 완성하시오.

문제 이해하기

식 세우기

답 구하기

4장의 수 카드 중에서 3장을 골라 계산한 결과가 4인 뺄셈식을 만들려고 합니다. □ 안에 알맞은 수를 써넣으시오.

| 4 | 1 | 2 | 7 |

□ − □ − □ = 4

문제 이해하기

4장의 수 카드 중에서 3장을 고르는 경우는

❶ (4, 1, 2)

❷ (□, □, □)

❸ (□, □, □)

❹ (□, □, □)

식 세우기

고른 3장의 수 카드로 뺄셈식을 만들면

❶ 4 − 1 − 2 = □

❷ □ − □ − □ = □

❸ □ − □ − □ = □

❹ □ − □ − □ = □

답 구하기

□ □ □

> 계산한 결과가 4인
> 뺄셈식을 찾아봐!

4장의 수 카드 중에서 3장을 골라 계산한 결과가 5인 뺄셈식을 만들려고 합니다. □ 안에 알맞은 수를 써넣으시오.

| 3 | 9 | 1 | 5 |

□ − □ − □ = 5

문제 이해하기

식 세우기

답 구하기

오늘 나의 실력은? | 부모님 확인

정답 확인

칭찬 카드는 몇 장?

미래는 잘한 일이 있으면 부모님께 칭찬 카드를 받고, 잘못한 일이 있으면 부모님께 칭찬 카드를 다시 드려요.
미래가 3일 동안 모은 칭찬 카드는 모두 몇 장일까요?

〈첫째 날〉

미래   동생

칭찬 카드

😆 잘한 일

한 일	칭찬 카드
집안일 도와주기	8장
동생과 놀아 주기	7장

😠 잘못한 일

한 일	칭찬 카드
숙제 안 하기	4장
동생과 다투기	3장
방 치우지 않기	2장

〈둘째 날〉

〈셋째 날〉

미래가 3일 동안 모은 칭찬 카드: ☐ 장

두 수를 바꾸어 더하기

- 2+8은 처음 수 2에서 더하는 수 8만큼 이어 세기를 하여 구합니다.

2 3 4 5 6 7 8 9 10

➜ $2+8=10$

- 8+2는 처음 수 8에서 더하는 수 2만큼 이어 세기를 하여 구합니다.

8 9 10

➜ $8+2=10$

두 수를 바꾸어 더해도
합이 같습니다.

실력 확인하기

그림을 보고 덧셈을 하시오.

1

$4+6=\boxed{}$

$6+4=\boxed{}$

2

$3+7=\boxed{}$

$7+3=\boxed{}$

3

$1+9=\boxed{}$

$9+1=\boxed{}$

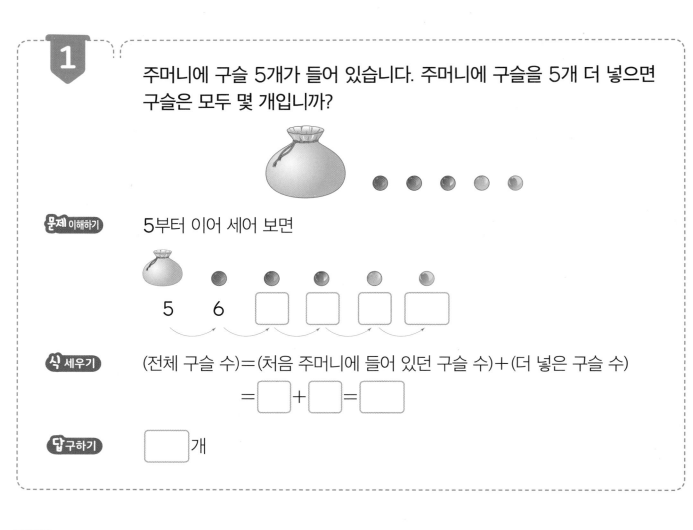

1 주머니에 구슬 5개가 들어 있습니다. 주머니에 구슬을 5개 더 넣으면 구슬은 모두 몇 개입니까?

문제 이해하기 5부터 이어 세어 보면

5 6 ☐ ☐ ☐ ☐

식 세우기 (전체 구슬 수)=(처음 주머니에 들어 있던 구슬 수)+(더 넣은 구슬 수)

=☐+☐=☐

답 구하기 ☐ 개

---

2 상자에 사과 8개가 들어 있습니다. 상자에 사과를 2개 더 넣으면 사과는 모두 몇 개입니까?

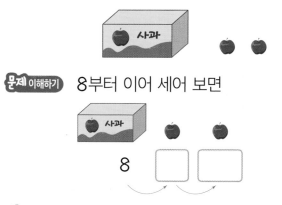

문제 이해하기 8부터 이어 세어 보면

8 ☐ ☐

식 세우기 (전체 사과 수)
=(처음 상자에 들어 있던 사과 수)
+(더 넣은 사과 수)
=☐+☐=☐

답 구하기 ☐ 개

---

3 준수는 6번째 징검다리 위에 있습니다. 4개를 더 지나면 개울 반대편에 도착합니다. 징검다리는 모두 몇 개입니까?

문제 이해하기 6부터 이어 세어 보면

6 ☐ ☐ ☐ ☐

식 세우기 (전체 징검다리 수)
=(지나 온 징검다리 수)
+(더 지나야 하는 징검다리 수)
=☐+☐=☐

답 구하기 ☐ 개

4

당근을 토끼가 아침에 2개, 저녁에 8개 먹고, 햄스터는 아침에 8개, 저녁에 2개 먹었습니다. 바르게 말한 친구는 누구입니까?

> 햄스터가 당근을 더 많이 먹었어.
> 혜수

> 토끼와 햄스터가 먹은 당근의 수는 같아.
> 지훈

문제 이해하기 토끼와 햄스터가 각각 저녁에 먹은 당근 수만큼 ○를 그려 보면

🐰 | ○ | ○ | | | | | | | | |
🐹 | ○ | ○ | ○ | ○ | ○ | ○ | ○ | ○ | | |

식 세우기

- (토끼가 먹은 당근 수)= ☐ + ☐ = ☐
- (햄스터가 먹은 당근 수)= ☐ + ☐ = ☐

답 구하기 ☐

5

성아는 빨간색 공 7개, 초록색 공 3개를, 민우는 빨간색 공 3개, 초록색 공 7개를 가지고 있습니다. 두 사람이 가지고 있는 공의 수는 같습니까, 다릅니까?

문제 이해하기 성아와 민우가 가지고 있는 초록색 공의 수만큼 ○를 그려 보면

성아 | ○ | ○ | ○ | ○ | ○ | ○ | ○ | | |
민우 | ○ | ○ | ○ | | | | | | |

식 세우기

- (성아가 가지고 있는 공의 수)
  = ☐ + ☐ = ☐
- (민우가 가지고 있는 공의 수)
  = ☐ + ☐ = ☐

답 구하기 ☐

6

두나는 동화책을 오전에 9쪽, 오후에 1쪽 읽었습니다. 범수는 동화책을 1쪽 읽었습니다. 두 사람이 읽은 쪽수가 같아지려면 범수가 몇 쪽을 더 읽어야 합니까?

문제 이해하기 두 수를 바꾸어 더해도 합은 (같습니다 , 다릅니다).

식 세우기 (두나가 읽은 동화책 쪽수)

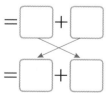

답 구하기 ☐ 쪽

  오늘 나의 실력은? 부모님 확인

사과의 개수는?

삼형제가 과수원에 갔어요.
첫째 형과 둘째 형은 자신이 딴 사과가 몇 개인지 셋째에게 말하고 있어요.
첫째 형과 둘째 형이 딴 사과의 수를 쓰고 알맞은 말에 ◯표 하세요.

나는 사과를 오전에 4개,
오후에 6개 땄어.

난 사과를 오전에 6개,
오후에 4개 땄어.

첫째 형

둘째 형

셋째

첫째 형이 ☐개,

둘째 형이 ☐개를 땄네.

첫째 형과 둘째 형이 딴
사과의 수는
(같습니다 , 다릅니다).

교과서 세 수의 덧셈과 뺄셈

10이 되는 더하기

4+6을 계산할 때에는

[방법1] ○를 4개 그리고

이어서 6개를 더 그립니다.

➡ 4+6=10

[방법2] 모으기를 이용합니다.

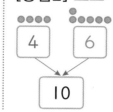

4   6

10

실력 확인하기

[1~4] 덧셈을 하시오.

1 3+7=☐

2 5+5=☐

3 1+9=☐

4 8+2=☐

[5~8] 합이 10이 되는 칸을 색칠하시오.

5 8+1 9+1

6 6+3 6+4

7 2+8 1+8

8 7+3 7+2

1

상자에 초콜릿 7개가 들어 있습니다. 이 상자에 초콜릿 3개를 더 넣으면 초콜릿은 모두 몇 개입니까?

문제 이해하기

더 넣은 초콜릿 수만큼 ○를 그려 보면

○	○	○	○	○	○	○			

식 세우기

(전체 초콜릿 수)
= (처음 상자에 들어 있던 초콜릿 수) + (더 넣은 초콜릿 수)

= ☐ + ☐ = ☐

답 구하기

☐ 개

2

꽃밭에 나비 9마리가 있었는데 한 마리가 더 날아왔습니다. 나비는 모두 몇 마리입니까?

문제 이해하기

더 날아온 나비 수만큼 ○를 그려 보면

○	○	○	○	○
○	○	○	○	

식 세우기

(전체 나비 수)
= (처음 꽃밭에 있던 나비 수)
　+ (더 날아온 나비 수)

= ☐ + ☐ = ☐

답 구하기

☐ 마리

3

지영이네 모둠 친구들은 방패연 2개와 가오리연 8개를 만들었습니다. 지영이네 모둠 친구들이 만든 연은 모두 몇 개입니까?

문제 이해하기

가오리연 수만큼 ○를 그려 보면

○	○			

식 세우기

(방패연과 가오리연 수)
= (방패연 수) + (가오리연 수)

= ☐ + ☐ = ☐

답 구하기

☐ 개

4 더해서 10이 되도록 수 카드를 2장씩 짝 지었습니다. 짝을 짓고 남은 수 카드에 적힌 수는 무엇입니까?

| 6 | 3 | 7 | 1 | 4 |

문제 이해하기 수 카드에 적힌 수와 더해서 10이 되는 수를 모으기를 이용하여 구해 보면

6 ☐   3 ☐   7 ☐   1 ☐   4 ☐
10   10   10   10   10

답 구하기 ☐

---

5 더해서 10이 되도록 수 카드를 2장씩 짝 지었습니다. 짝을 짓고 남은 수 카드에 적힌 수는 무엇입니까?

| 1 | 6 | 8 | 9 | 2 |

문제 이해하기 수 카드에 적힌 수와 더해서 10이 되는 수를 모으기를 이용하여 구해 보면

1 ☐   6 ☐   8 ☐
10   10   10

9 ☐   2 ☐
10   10

답 구하기 ☐

---

6 더해서 10이 되는 두 수를 찾아 ◯표 하고, 덧셈식을 써 보시오.

3 7 4
9 6 5
8 2 5

3+7=10

문제 이해하기 가로, 세로, ╱ 방향, ╲ 방향으로 더해서 10이 되는 경우를 모두 찾고 덧셈식으로 나타내 봅니다.

답 구하기

3 7 4
9 6 5
8 2 5

3+7=10

양의 짝을 정해요

큰 우리 안에 번호가 적힌 양 10마리가 있어요.
번호의 합이 10이 되도록 2마리씩 선으로 이어 짝을 지어 주세요.

교과서 | 세 수의 덧셈과 뺄셈

10에서 빼기

10−3을 계산할 때에는

[방법1] ○를 10개 그리고 그중에서

3개만큼 / 으로 지웁니다.

$10-3=7$

[방법2] 가르기를 이용합니다.

10

3   7

실력 확인하기

뺄셈을 하시오.

1 $10-1=\boxed{}$

2 $10-2=\boxed{}$

3 $10-5=\boxed{}$

4 $10-7=\boxed{}$

5 $10-8=\boxed{}$

6 $10-4=\boxed{}$

7 $10-6=\boxed{}$

8 $10-9=\boxed{}$

1

나무에 참새가 10마리 앉아 있습니다. 그중에서 4마리가 날아갔습니다. 남아 있는 참새는 모두 몇 마리입니까?

문제 이해하기 날아간 참새 수만큼 /으로 지워 보면

○ ○ ○ ○ ○ ○ ○ ○ ○ ○

식 세우기 (남아 있는 참새 수)
= (나무에 앉아 있던 참새 수) − (날아간 참새 수)

= ▢ − ▢ = ▢

답 구하기 ▢ 마리

2

운동장에 학생 10명이 있습니다. 그중에서 모자를 쓴 학생이 2명입니다. 모자를 쓰지 않은 학생은 몇 명입니까?

문제 이해하기 모자를 쓴 학생 수만큼 /으로 지워 보면

○ ○ ○ ○ ○
○ ○ ○ ○ ○

식 세우기 (모자를 쓰지 않은 학생 수)
= (운동장에 있는 학생 수)
　　− (모자를 쓴 학생 수)

= ▢ − ▢ = ▢

답 구하기 ▢ 명

3

자물쇠가 10개, 열쇠가 6개 있습니다. 자물쇠는 열쇠보다 몇 개 더 많습니까?

문제 이해하기 자물쇠와 열쇠를 하나씩 짝 지어 보면

식 세우기 (자물쇠 수) − (열쇠 수)

= ▢ − ▢ = ▢

답 구하기 ▢ 개

차를 구하고 [보기] 에서 그 차에 해당하는 글자를 찾아 써 보시오.

보기

1	2	3	4	5	6	7	8	9
상	력	도	비	의	자	우	깨	창

$10-1=$ ☐ → ☐ , $10-5=$ ☐ → ☐ , $10-8=$ ☐ → ☐

문제 이해하기

10과 빼는 수를 이용하여 가르기 해 보면

```
   10            10            10
  /  \          /  \          /  \
 1    ☐        5    ☐        8    ☐
```

10-1에서
빼는 수는 1이야.

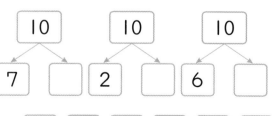

답 구하기

☐ , ☐ , ☐ , ☐ ☐

---

5 차를 구하고 **4**번 [보기] 에서 그 차에 해당하는 글자를 찾아 써 보시오.

$10-7=$ ☐ → ☐

$10-2=$ ☐ → ☐

$10-6=$ ☐ → ☐

문제 이해하기 10과 빼는 수를 이용하여 가르기 해 보면

```
   10            10            10
  /  \          /  \          /  \
 7    ☐        2    ☐        6    ☐
```

답 구하기 ☐ , ☐ , ☐ , ☐ , ☐ , ☐

---

6 ▨ 모양의 물건은 ⬤ 모양의 물건보다 몇 개 더 많은지 뺄셈식을 써 보시오.

문제 이해하기 ▨ 모양 물건은 ☐ 개,

⬤ 모양 물건은 ☐ 개

식 세우기 (▨ 모양의 수) − (⬤ 모양의 수)

= ☐ − ☐ = ☐

답 구하기 ☐ − ☐ = ☐

정답 확인 오늘 나의 실력은? 부모님 확인

블록 만들기

미래는 가지고 있는 블록을 모아 보았어요.
이 블록을 이용하여 거미를 만들려고 해요.
거미를 만들고 나면 블록은 각각 몇 개씩 남을까요?

〈거미를 만들고 남은 블록 수〉

: ☐ 개   : ☐ 개   : ☐ 개

70

교과서 세 수의 덧셈과 뺄셈

10을 만들어 더하기 ❶

5+8+2를 계산할 때에는

❶ 합이 10이 되는 두 수를 먼저 더한 다음,

❷ 두 수를 더한 값에 나머지 한 수를 더합니다.

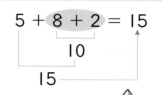

$5 + 8 + 2 = 15$

10

15

☐ 안에 알맞은 수를 써넣으시오.

1 $1 + 9 + 3 = \boxed{}$

2 $3 + 7 + 7 = \boxed{}$

3 $6 + 2 + 8 = \boxed{}$

4 $2 + 4 + 6 = \boxed{}$

5 $6+4+8 = \boxed{}$

6 $5+5+2 = \boxed{}$

7 $5+9+1 = \boxed{}$

8 $7+9+3 = \boxed{}$

1

주머니에 빨간색 구슬 3개, 노란색 구슬 7개, 파란색 구슬 5개가 있습니다. 주머니에 있는 구슬은 모두 몇 개입니까?

문제 이해하기   합해서 10개가 되는 구슬을 묶어 보면

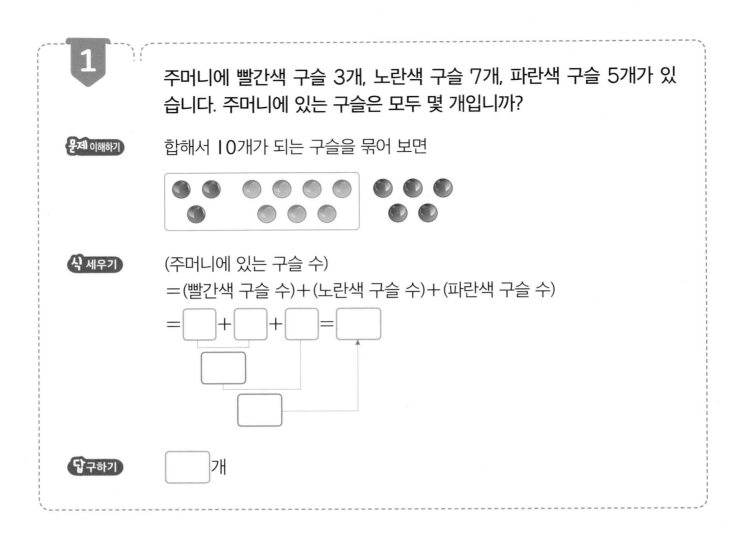

식 세우기
(주머니에 있는 구슬 수)
= (빨간색 구슬 수) + (노란색 구슬 수) + (파란색 구슬 수)

= ☐ + ☐ + ☐ = ☐

☐

☐

답 구하기   ☐ 개

---

2 꽃병에 장미 6송이, 튤립 4송이, 백합 2송이가 있습니다. 꽃병에 있는 꽃은 모두 몇 송이입니까?

문제 이해하기   합해서 10송이가 되는 꽃을 묶어 보면

식 세우기   (꽃병에 있는 꽃 수)
= (장미 수) + (튤립 수) + (백합 수)

= ☐ + ☐ + ☐ = ☐

답 구하기   ☐ 송이

---

3 공원에 참새 9마리, 까치 1마리, 비둘기 7마리가 있습니다. 공원에 있는 참새, 까치, 비둘기는 모두 몇 마리입니까?

문제 이해하기   합해서 10마리가 되는 새를 묶어 보면

식 세우기   (공원에 있는 참새, 까치, 비둘기 수)
= (참새 수) + (까치 수) + (비둘기 수)

= ☐ + ☐ + ☐ = ☐

답 구하기   ☐ 마리

4

냉장고에 사과 6개, 배 2개, 감 8개가 있습니다. 냉장고에 있는 과일은 모두 몇 개입니까?

문제 이해하기

합해서 10개가 되는 과일을 묶어 보면

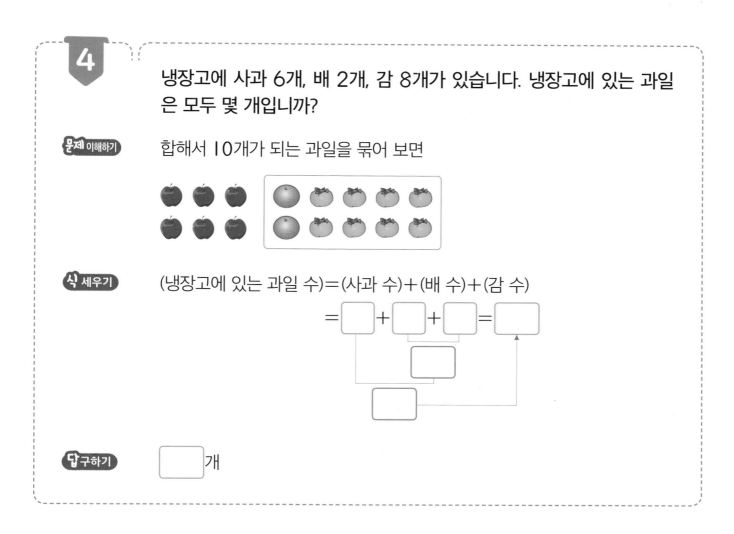

식 세우기

(냉장고에 있는 과일 수)＝(사과 수)＋(배 수)＋(감 수)

＝ ☐ ＋ ☐ ＋ ☐ ＝ ☐

☐

☐

답 구하기   ☐ 개

5

바구니에 카스텔라 3개, 도넛 5개, 크림빵 5개가 있습니다. 바구니에 있는 빵은 모두 몇 개입니까?

문제 이해하기   합해서 10개가 되는 빵을 묶어 보면

식 세우기   (바구니에 있는 빵 수)

＝(카스텔라 수)＋(도넛 수)

＋(크림빵 수)

＝ ☐ ＋ ☐ ＋ ☐ ＝ ☐

답 구하기   ☐ 개

6

동물원에 호랑이 8마리, 기린 4마리, 토끼 6마리가 있습니다. 동물원에 있는 호랑이, 기린, 토끼는 모두 몇 마리입니까?

문제 이해하기   합해서 10마리가 되는 동물을 묶어 보면

식 세우기   (동물원에 있는 호랑이, 기린, 토끼 수)

＝(호랑이 수)＋(기린 수)＋(토끼 수)

＝ ☐ ＋ ☐ ＋ ☐ ＝ ☐

답 구하기   ☐ 마리

나연이의 선택은?

나연이가 동생과 함께 마트에 간식을 사러 갔어요.
초콜릿, 젤리, 사탕이 함께 들어 있는 간식 세트를 파네요.
나연이는 간식이 하나라도 더 들어 있는 세트를 사려고 해요.
나연이가 골라야 하는 간식 세트에 ○표 해 보세요.

7개 + 6개 + 4개

7개 + 5개 + 3개

6개 + 4개 + 6개

동생

나연

10을 만들어 더하기 ❷

1

준기가 읽은 책의 제목을 썼습니다. 모두 몇 권을 읽었습니까?

동화책	만화책	위인전
신데렐라, 인어 공주, 빨강 머리 앤, 아기 돼지 삼형제	백설 공주, 흥부와 놀부, 선녀와 나무꾼, 금도끼 은도끼, 콩쥐 팥쥐, 홍길동전	이순신, 세종 대왕, 헬렌켈러

 문제 이해하기

동화책, 만화책, 위인전 수를 세어 보고, 합해서 10권이 되는 책을 묶어 보면

동화책 — ☐ , 만화책 — ☐ , 위인전 — ☐

식 세우기

(준기가 읽은 책 수)=(동화책 수)+(만화책 수)+(위인전 수)

= ☐ + ☐ + ☐ = ☐

답 구하기

☐ 권

2

민정이네 반 학생들의 청소 구역과 담당 학생을 적어 놓은 것입니다. 청소하는 학생은 모두 몇 명입니까?

교실	이민정, 정유진, 김성훈, 김재현, 최진호
복도	김성은, 신선희
화장실	김보미, 이선희, 이다빈, 김정민, 박지현, 임혜원, 김선아, 박현서

 문제 이해하기

식 세우기

 답 구하기

75

3 같은 모양끼리 이어 목걸이를 만들려고 합니다. ● 모양은 몇 개입니까?

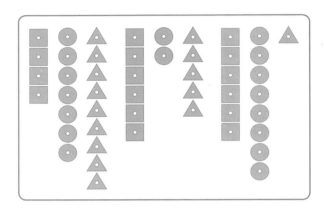

문제 이해하기 색깔별로 ● 모양 수를 세어 보면

 모양: ☐ 개, 모양: ☐ 개, ● 모양: ☐ 개

식 세우기 (● 모양 수)= ☐ + ☐ + ☐ = ☐

답 구하기 ☐ 개

4 같은 모양의 젤리끼리 봉지에 담으려고 합니다. ⭐ 모양은 몇 개입니까?

문제 이해하기

식 세우기

답 구하기

76

보기 와 같이 주어진 글자 수에 알맞게 노래를 완성해 보시오.

보기 9글자	3글자 샘물이	3글자 솟는다	3글자 퐁퐁퐁

털옷을 입은	새벽에	예쁜 아기 곰
눈 비비고 일어나	하얀	토끼가

12글자	

문제 이해하기

각각 글자 수를 세어 보면

털옷을 입은 ─ ☐	새벽에 ─ ☐	예쁜 아기 곰 ─ ☐
눈 비비고 일어나 ─ ☐	하얀 ─ ☐	토끼가 ─ ☐

식 세우기

$$☐ + ☐ + ☐ = 12$$

12글자가 되도록 조합해 봐!

답 구하기

보기 와 같이 주어진 글자 수에 알맞게 노래를 완성해 보시오.

보기 8글자	2글자 햇님	3글자 보면서	3글자 짝짜꿍

반짝반짝	한 집에	아름답게 비치네
있어	작은 별	곰 세 마리가

14글자	

문제 이해하기

식 세우기

답 구하기

노래하는 로봇 만들기

다온이는 노래하는 로봇을 만들려고 해요.
규칙에 따라 색을 칠해야만 로봇이 노래를 부를 수 있어요.
로봇에 알맞은 색을 칠해 주세요.

〈규칙〉

1. 머리, 몸통, 다리에 각각 수가 적혀 있어요.

2. 머리, 몸통, 다리에 적힌 수를 더했을 때 16이 되게 해 주세요.

3. 그 수에 해당하는 색을 로봇에 칠해 주세요.

교과서 세 수의 덧셈과 뺄셈

□의 값 구하기

- 4+□=10에서 □의 값을 구할 때에는

  전체 10개가 되도록 ○를 그린 다음, ○의 수를 셉니다.

   ➡ □=6

- 10−□=3에서 □의 값을 구할 때에는

  ○을 10개 그리고 3개가 남을 때까지 ╱으로 지웁니다.

   ➡ □=7

실력 확인하기

□ 안에 알맞은 수를 써넣으시오.

1 3+□=10

2 8+□=10

3 6+□=10

4 5+□=10

5 10−□=9

6 10−□=5

7 10−□=4

8 10−□=2

1

연필이 7자루 있었습니다. 어머니께서 몇 자루를 더 사 오셔서 모두 10자루가 되었습니다. 어머니께서 사 오신 연필은 몇 자루입니까?

문제 이해하기 연필이 10자루가 되도록 빈 곳에 ○를 그리고 수를 써 보면

□ 자루

연필 □ 자루

식 세우기 더 사온 연필 수를 □로 나타내면
(처음에 있던 연필 수)+□=(전체 연필 수)

□ + □ = □ , □ = □

답 구하기 □ 자루

2

우표를 4장 모았는데 몇 장을 더 모아서 모두 10장이 되었습니다. 더 모은 우표는 몇 장입니까?

문제 이해하기 우표가 10장이 되도록 빈 곳에 ○를 그리고 수를 써 보면

□ 장

우표 □ 장

식 세우기 더 모은 우표 수를 □로 나타내면

(처음에 있던 우표 수)+□=(전체 우표 수)

□ + □ = □ , □ = □

답 구하기 □ 장

3

지우네 집에 마카롱 10개가 있었습니다. 가족들이 몇 개를 먹었더니 7개가 남았습니다. 가족들이 먹은 마카롱은 몇 개입니까?

문제 이해하기 마카롱이 7개가 남도록 /으로 지워 보면

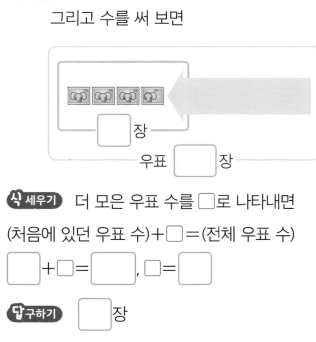

식 세우기 먹은 마카롱 수를 □로 나타내면
(처음에 있던 마카롱 수)−□=(남은 마카롱 수)

□ − □ = □ , □ = □

답 구하기 □ 개

4

7에서 1을 빼고 어떤 수를 빼었더니 2가 되었습니다. 어떤 수에 3을 더하면 얼마입니까?

문제 이해하기   조건을 그림으로 나타내 보면

$$\boxed{\bullet\bullet\bullet\bullet\bullet\bullet\bullet} - \boxed{\bullet} - \boxed{?} = \boxed{\bullet\bullet}$$

식 세우기   어떤 수를 □로 나타내면

$$\boxed{} - \boxed{} - \square = \boxed{} \,,\quad \boxed{} - \square = \boxed{} \,,\ \square = \boxed{}$$

➡ 어떤 수에 3을 더하면 $\boxed{} + \boxed{} = \boxed{}$

답 구하기 $\boxed{}$

---

5 1에 4를 더하고 어떤 수를 더했더니 9가 되었습니다. 어떤 수에서 2를 빼면 얼마입니까?

문제 이해하기   조건을 그림으로 나타내 보면

$$\boxed{\bullet} + \boxed{\bullet\bullet\bullet\bullet} + \boxed{?}$$
$$= \boxed{\bullet\bullet\bullet\bullet\bullet\bullet\bullet\bullet\bullet}$$

식 세우기   어떤 수를 □로 나타내면

$$\boxed{} + \boxed{} + \square = \boxed{} \,,$$
$$\boxed{} + \square = \boxed{} \,,\ \square = \boxed{}$$

➡ 어떤 수에서 2를 빼면
$$\boxed{} - \boxed{} = \boxed{}$$

답 구하기 $\boxed{}$

---

6 6에서 2를 빼고 어떤 수를 빼었더니 3이 되었습니다. 어떤 수를 세 번 더하면 얼마입니까?

문제 이해하기   조건을 그림으로 나타내 보면

$$\boxed{\bullet\bullet\bullet\bullet\bullet\bullet} - \boxed{\bullet\bullet} - \boxed{?}$$
$$= \boxed{\bullet\bullet\bullet}$$

식 세우기   어떤 수를 □로 나타내면

$$\boxed{} - \boxed{} - \square = \boxed{} \,,$$
$$\boxed{} - \square = \boxed{} \,,\ \square = \boxed{}$$

➡ 어떤 수를 세 번 더하면
$$\boxed{} + \boxed{} + \boxed{} = \boxed{}$$

답 구하기 $\boxed{}$

정답 확인   오늘 나의 실력은?   부모님 확인

비눗방울 덧셈

비눗방울 하나에 적힌 수의 합은 모두 같아요.
비눗방울 안에 알맞은 수를 써 주세요.

비눗방울 덧셈

비눗방울 하나에 적힌 수의 합은 모두 같아요.
비눗방울 안에 알맞은 수를 써 주세요.

교과서 세 수의 덧셈과 뺄셈

계산 결과의 크기 비교

2+1+2와 9−2−1의 계산 결과의 크기를 비교할 때에는

❶ 각 식을 계산한 다음,

❷ 계산 결과의 크기를 비교합니다.

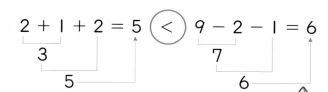

$$2 + 1 + 2 = 5 \; < \; 9 - 2 - 1 = 6$$

실력 확인하기

계산 결과의 크기를 비교하여 ○ 안에 >, <를 알맞게 써넣으시오.

1 1+2+3 ◯ 5+1+2

2 3+4+1 ◯ 2+2+3

3 2+8+1 ◯ 3+1+9

4 7+5+5 ◯ 4+6+4

5 7−2−2 ◯ 5−1−2

6 8−6−1 ◯ 7−1−3

7 9−4−3 ◯ 6−1−2

8 2+4+1 ◯ 8−3−1

예지와 승우가 각각 세 수를 말했습니다. 세 수의 합이 더 큰 사람은 누구입니까?

예지: 5, 5, 3
예지

4, 9, 1
승우

문제 이해하기 예지와 승우가 말한 세 수의 합을 구한 다음, 계산 결과의 크기를 비교합니다.

식 세우기
- (예지가 말한 세 수의 합)=□+□+□=□
- (승우가 말한 세 수의 합)=□+□+□=□

답 구하기 □

---

2 민서와 정훈이가 각각 세 수를 말했습니다. 세 수의 합이 더 작은 사람은 누구입니까?

7, 3, 2   6, 1, 4

민서   정훈

문제 이해하기 민서와 정훈이가 말한 세 수의 합을 구한 다음, 계산 결과의 크기를 비교합니다.

식 세우기
- (민서가 말한 세 수의 합)

  =□+□+□=□
- (정훈이가 말한 세 수의 합)

  =□+□+□=□

답 구하기 □

---

3 가희와 나희가 3일 동안 색종이로 접은 개구리의 수입니다. 누가 개구리를 더 많이 접었습니까?

	첫째 날	둘째 날	셋째 날
가희	4마리	2마리	1마리
나희	1마리	3마리	5마리

문제 이해하기 가희와 나희가 3일 동안 접은 개구리 수를 구한 다음, 계산 결과의 크기를 비교합니다.

식 세우기
- (가희가 3일 동안 접은 개구리 수)

  =□+□+□=□
- (나희가 3일 동안 접은 개구리 수)

  =□+□+□=□

답 구하기 □

4

1부터 9까지의 수 중에서 □ 안에 들어갈 수 있는 가장 큰 수는 무엇입니까?

$$9-3-\square>1$$

문제 이해하기 계산할 수 있는 부분을 계산한 다음, □ 안에 1, 2, 3, ……을 하나씩 넣어서 수의 크기를 비교해 봅니다.

식 세우기 $9-3=\boxed{}$ 이므로 $\boxed{}-\square>1$

$\square=1$ 이면 $\boxed{}-1=\boxed{}$ $\square=2$ 이면 $\boxed{}-2=\boxed{}$

$\square=3$ 이면 $\boxed{}-3=\boxed{}$ $\square=4$ 이면 $\boxed{}-4=\boxed{}$

$\square=5$ 이면 $\boxed{}-5=\boxed{}$

답 구하기 $\boxed{}$

---

5 1부터 9까지의 수 중에서 □ 안에 들어갈 수 있는 가장 큰 수는 무엇입니까?

$$8-1-\square>3$$

문제 이해하기 계산할 수 있는 부분을 계산한 다음, □ 안에 수를 하나씩 넣어서 수의 크기를 비교해 봅니다.

식 세우기 $8-1=\boxed{}$ 이므로 $\boxed{}-\square>3$

$\square=3$ 이면 $\boxed{}-3=\boxed{}$

$\square=4$ 이면 $\boxed{}-4=\boxed{}$

답 구하기 $\boxed{}$

---

6 1부터 9까지의 수 중에서 □ 안에 들어갈 수 있는 가장 작은 수는 무엇입니까?

$$9-1-\square<5$$

문제 이해하기 계산할 수 있는 부분을 계산한 다음, □ 안에 수를 하나씩 넣어서 수의 크기를 비교해 봅니다.

식 세우기 $9-1=\boxed{}$ 이므로 $\boxed{}-\square<5$

$\square=4$ 이면 $\boxed{}-4=\boxed{}$

$\square=3$ 이면 $\boxed{}-3=\boxed{}$

답 구하기 $\boxed{}$

정답
확인

오늘 나의 실력은?   부모님 확인

재미있는 보드 게임

3개의 주사위를 던져 나온 눈의 수의 합만큼 이동하는 게임이에요. 미래와 대한이가 다음과 같이 주사위를 던졌을 때, 최종적으로 미래가 도착한 곳에 ○표, 대한이가 도착한 곳에 △표 하세요. (단, 이동한 칸에서 지시가 있으면 그 지시를 따라야 해요.)

01 준성이와 친구들이 가위바위보를 한 것입니다. 펼친 손가락은 모두 몇 개 입니까?

준성 　지혜 　아영

02 소희가 주사위를 2개 던져 나온 눈의 수를 더했더니 10이 되었습니다. 다음 두 주사위 중 오른쪽 주사위 눈의 수를 구하시오.

03 🛢 모양에 적힌 수들의 합을 구하시오.

04 진성이와 수빈이는 9층에서 엘리베이터를 탔습니다. 진성이는 4층 더 내려가서 내렸고, 수빈이는 진성이보다 3층 더 내려가서 내렸습니다. 수빈이가 내린 층은 몇 층입니까?

05 개구리가 지금까지 3번 뛰어 왼쪽에서 3번째 연잎 위에 앉아 있습니다. 개구리가 오른쪽으로 7번 더 뛴다면 왼쪽에서 몇 번째 연잎 위에 앉게 됩니까?

06 합이 10이 되는 칸을 모두 색칠하고 어떤 글자가 보이는지 써 보시오.

7+3	4+6	3+7
5+4	3+6	6+4
8+1	9+1	7+2
1+9	5+5	8+2

07 차를 구하고 보기 에서 그 차에 해당하는 글자를 찾아 써 보시오.

보기								
1	2	3	4	5	6	7	8	9
금	두	남	라	강	수	산	백	한

$10-9=\boxed{} \Rightarrow \boxed{}$, $10-4=\boxed{} \Rightarrow \boxed{}$

$10-5=\boxed{} \Rightarrow \boxed{}$, $10-3=\boxed{} \Rightarrow \boxed{}$

08 어떤 수에서 3을 빼야 할 것을 잘못하여 더하였더니 10이 되었습니다. 바르게 계산하면 얼마입니까?

09 가로(→ 방향), 세로(↓ 방향), 대각선(↘ 또는 ↙ 방향)에 있는 세 수의 합이 모두 같습니다. ㉠, ㉡, ㉢에 알맞은 수를 구하시오.

8	3	㉠
1	5	9
6	㉡	㉢

10 1부터 9까지의 수 중에서 □ 안에 들어갈 수 있는 가장 작은 수는 무엇입니까?

$$7+6+3<\square+8+2$$

덧셈구구와 뺄셈구구

이렇게 배우고 있어요!

단원 내용

배운 내용

[1-2]
• 세 수의 덧셈과 뺄셈

단원 내용

• 10을 이용하여 모으기와 가르기
• (몇)+(몇)=(십몇)
• (십몇)-(몇)=(몇)

배울 내용

[1-2]
• 받아올림이 없는 두 자리 수의 덧셈
• 받아내림이 없는 두 자리 수의 뺄셈

학습 계획 세우기

공부할 내용에 대한 계획을 세우고,
학습해 보아요!

교과서 덧셈구구와 뺄셈구구

10을 이용하여 모으기와 가르기

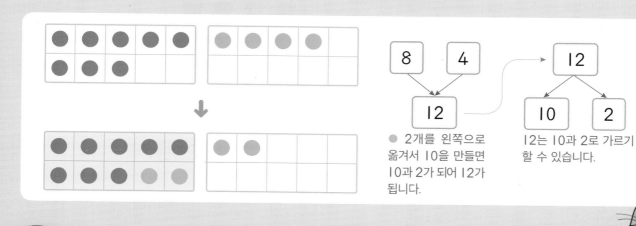

● 2개를 왼쪽으로 옮겨서 10을 만들면 10과 2가 되어 12가 됩니다.

12는 10과 2로 가르기 할 수 있습니다.

□ 안에 알맞은 수를 써넣으시오.

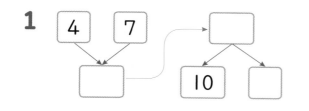

2 3 9 → □ / 10 □

3 5 8 → □ / 10 □

4 7 5 → □ / 10 □

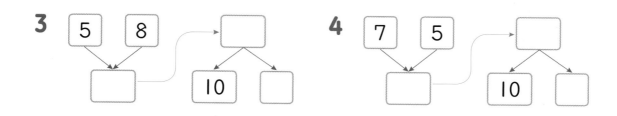

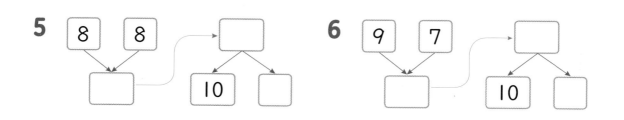

1 초콜릿이 14개 있습니다. 상자 한 칸에 한 개씩 담으면 상자에 담고 남은 초콜릿은 몇 개입니까?

문제 이해하기 ❶ 한 개의 상자에 담을 수 있는 초콜릿은 ☐ 개

❷ 초콜릿 수를 10을 이용하여 가르기 해 보면

14
↙ ↘
10   ☐

답 구하기 ☐ 개

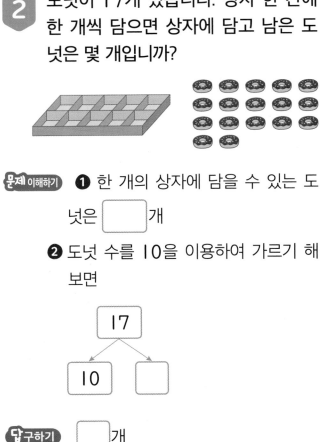

2 도넛이 17개 있습니다. 상자 한 칸에 한 개씩 담으면 상자에 담고 남은 도넛은 몇 개입니까?

문제 이해하기 ❶ 한 개의 상자에 담을 수 있는 도넛은 ☐ 개

❷ 도넛 수를 10을 이용하여 가르기 해 보면

17
↙ ↘
10   ☐

답 구하기 ☐ 개

3 딸기 맛 젤리 6개와 포도 맛 젤리 9개가 있습니다. 빈 곳에 알맞은 수를 써넣고 젤리는 모두 몇 개인지 구하시오.

6   9
↘ ↙
☐   ☐ 개

문제 이해하기 왼쪽의 10칸을 모두 채우도록 ◯를 그려 보면

답 구하기 ☐ , ☐ 개

4

빨간색 구슬 6개와 초록색 구슬 5개가 있습니다. 주머니에 구슬 10개를 담으면 남아 있는 구슬은 몇 개입니까?

문제 이해하기 왼쪽의 10칸을 모두 채우도록 ○를 그리고 10을 이용하여 모으기와 가르기를 해 보면

6   5 → ☐

☐   10   ☐

답 구하기 ☐ 개

5

흰색 달걀 7개와 갈색 달걀 8개가 있습니다. 바구니에 달걀 10개를 담으면 남아 있는 달걀은 몇 개입니까?

문제 이해하기 왼쪽의 10칸을 모두 채우도록 ○를 그리고 10을 이용하여 모으기와 가르기를 해 보면

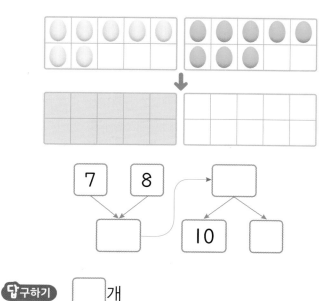

7   8 → ☐

☐   10   ☐

답 구하기 ☐ 개

6

주차장에 자동차가 9대 있었는데 9대가 더 왔습니다. 잠시 후 10대가 나갔다면 주차장에 남은 자동차는 몇 대입니까?

문제 이해하기 왼쪽의 10칸을 모두 채우도록 ○를 그리고 10을 이용하여 모으기와 가르기를 해 보면

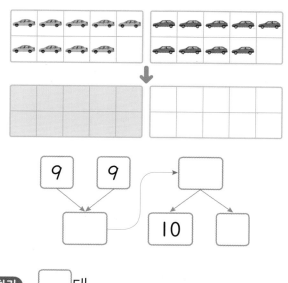

9   9 → ☐

☐   10   ☐

답 구하기 ☐ 대

상자에 넣지 못하는 공은 몇 개?

운동회에서 공 나르기 게임을 해요.
양쪽 선수들이 오른쪽 상자에 공을 같이 넣으려고 해요.
그런데 상자에는 공이 10개밖에 들어가지 않아요. 양쪽 선수들이 무사히 공을 다 가져갔을 때 상자에 넣지 못하는 공은 몇 개일지 써 보세요.

상자에 넣지 못하는 공: ☐ 개

교과서 덧셈구구와 뺄셈구구

(몇)+(몇)=(십몇) ❶

8+7을 계산할 때에는

[방법1] 먼저 8에 2를 더해서 10을 만들고,
　　　　10과 남은 5를 더합니다.

[방법2] 먼저 7에 3을 더해서 10을 만들고,
　　　　10과 남은 5를 더합니다.

$$8 + 7 = 15$$
$$\quad\ 2 \quad 5$$

$$8 + 7 = 15$$
$$5 \quad 3$$

실력 확인하기

□ 안에 알맞은 수를 써넣으시오.

1 7+4=□
□   1

2 9+5=□
□   4

3 6+8=□
4   □

4 7+9=□
6   □

5 5+6=□

6 9+3=□

1

바구니 안에 고구마 8개와 감자 5개가 있습니다. 바구니 안에 있는 고구마와 감자는 모두 몇 개입니까?

문제 이해하기 왼쪽의 10칸을 모두 채우도록 ◯를 그려 보면

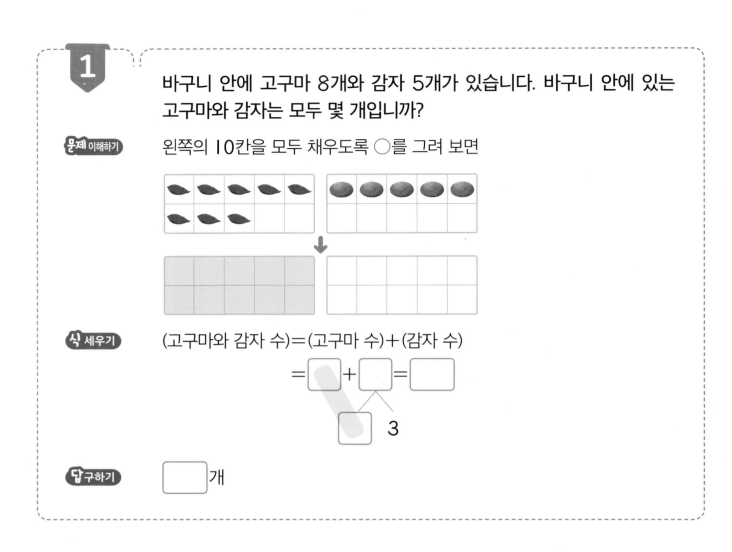

식 세우기 (고구마와 감자 수)=(고구마 수)+(감자 수)

$$= \boxed{} + \boxed{} = \boxed{}$$

$\boxed{}$ 3

답 구하기 $\boxed{}$ 개

---

2 목장에 양 7마리와 돼지 4마리가 있습니다. 목장에 있는 양과 돼지는 모두 몇 마리입니까?

문제 이해하기 왼쪽의 10칸을 모두 채우도록 ◯를 그려 보면

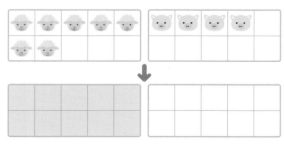

식 세우기 (양과 돼지 수)
=(양 수)+(돼지 수)
$$= \boxed{} + \boxed{} = \boxed{}$$

답 구하기 $\boxed{}$ 마리

---

3 수지가 타일을 9개 붙인 다음 타일을 더 붙여 빈칸을 모두 채웠습니다. 수지가 붙인 타일은 모두 몇 개입니까?

문제 이해하기 그림에 타일로 빈칸을 채울 때까지 ◯를 그려 보면

➡ 더 붙인 타일 수는 $\boxed{}$ 개

식 세우기 (붙인 전체 타일 수)
=(붙인 타일 수)+(더 붙인 타일 수)
$$= \boxed{} + \boxed{} = \boxed{}$$

답 구하기 $\boxed{}$ 개

4

지혜는 문제집을 아침에는 6쪽, 저녁에는 7쪽 풀었습니다. 지혜가 아침과 저녁에 푼 문제집은 모두 몇 쪽입니까?

문제 이해하기 오른쪽의 10칸을 모두 채우도록 ○를 옮겨 그려 보면

식 세우기 (아침과 저녁에 푼 문제집 쪽수)＝(아침에 푼 문제집 쪽수)＋(저녁에 푼 문제집 쪽수)

＝ □ ＋ □ ＝ □

3

답 구하기 □ 쪽

---

5 윤지는 동화책을 어제 5쪽, 오늘 9쪽 읽었습니다. 윤지가 어제와 오늘 읽은 동화책은 모두 몇 쪽입니까?

문제 이해하기 오른쪽의 10칸을 모두 채우도록 ○를 옮겨 그려 보면

식 세우기 (어제와 오늘 읽은 동화책 쪽수)
＝(어제 읽은 동화책 쪽수)
＋(오늘 읽은 동화책 쪽수)

＝ □ ＋ □ ＝ □

답 구하기 □ 쪽

---

6 게시판에 그림 7장을 붙인 다음 그림을 더 붙여 빈칸을 모두 채웠습니다. 게시판에 붙인 그림은 모두 몇 장입니까?

문제 이해하기 게시판에 그림으로 빈칸을 채울 때까지 ○를 그려 보면

➡ 더 붙인 그림 수는 □ 장

식 세우기 (붙인 전체 그림 수)
＝(붙인 그림 수)＋(더 붙인 그림 수)

＝ □ ＋ □ ＝ □

답 구하기 □ 장

재미있는 수학 놀이터

칭찬 스티커 붙이기

미래는 이틀 동안 부모님한테 받은 칭찬 스티커를 붙이려고 해요.
칭찬 스티커 개수에 따라 부모님이 미래의 소원을 들어준대요.
미래가 몇 개의 소원을 말할 수 있을지 써 보세요.

👍 칭찬해요 👍

10~15개: 소원 1개 들어주기
16~20개: 소원 2개 들어주기

칭찬 스티커를 어제 9개,
오늘 7개 받았네.

이번에는 부모님께 소원을 ☐ 개

말할 수 있겠어.

교과서 덧셈구구와 뺄셈구구

(몇)+(몇)=(십몇) ❷

1

● 모양 과자에 적힌 수의 합을 구하시오.

9	7	3
8	6	5

문제 이해하기

● 모양 과자에 적힌 수는 ☐ , ☐

식 세우기

● 모양 과자에 적힌 수의 합은

☐ + ☐ = ☐

답 구하기

☐

2

■ 모양 블록에 적힌 수의 합을 구하시오.

문제 이해하기

식 세우기

답 구하기

수 카드 중에서 2장을 골라 계산한 결과가 15인 덧셈식을 만들려고 합니다. □ 안에 알맞은 수를 써넣으시오.

8 5 7   □ + □ = 15

 3장의 수 카드 중에서 2장을 고르는 경우는

❶ (8, 5)   ❷ (□, □)   ❸ (□, □)

 고른 2장의 수 카드로 덧셈식을 만들면

❶ 8 + 5 = □   ❷ □ + □ = □   ❸ □ + □ = □

 □ , □

4

수 카드 중에서 2장을 골라 계산한 결과가 16인 덧셈식을 만들려고 합니다. □ 안에 알맞은 수를 써넣으시오.

7 4 9   □ + □ = 16

이 있는 칸에 들어갈 덧셈식과 합이 같은 덧셈식 2개를 그림에서 찾아 써 보시오.

5+6	5+7	5+8
11	12	13
6+6		6+8
12		14
7+6	7+7	7+8
13	14	15

☐ + ☐ , ☐ + ☐

문제 이해하기

• → 방향: ＋의 오른쪽 수가 1씩 커지므로 합도 ☐ 씩 커집니다.

• ↓ 방향: ＋의 왼쪽 수가 1씩 커지므로 합도 ☐ 씩 커집니다.

식 세우기

이 있는 칸에 들어갈 덧셈식은

☐ + ☐ = ☐

그림에서 합이 같은 덧셈식을 찾아봐!

답 구하기

☐ + ☐ , ☐ + ☐

🌈가 있는 칸에 들어갈 덧셈식과 합이 같은 덧셈식 2개를 그림에서 찾아 써 보시오.

4+5	4+6	4+7
9	10	11
5+5	🌈	5+7
10		12
6+5	6+6	6+7
11	12	13

☐ + ☐ , ☐ + ☐

문제 이해하기

식 세우기

답 구하기

암호를 풀어라!

왕자가 인어 공주에게 쪽지를 받았어요.
쪽지에 적힌 문제를 풀고, 그 수에 해당하는 글자를 차례대로 쓰면 인어 공주의 마음을 알 수 있어요. 인어 공주가 하고 싶었던 말을 써 주세요.

11	12	13	14	15	16	17	18	19
달	해	구	친	랑	나	너	우	리

9+7	8+7	7+7	6+7	5+7

아, 인어 공주님은

☐ ☐ ☐ ☐ ☐ 라고

말하신 거구나.

(십몇)-(몇)=(몇) ❶

13-5를 계산할 때에는

[방법1] 5를 3과 2로 가르기 한 후,

13에서 3을 빼고 남은 10에서 2를 뺍니다.

$$13 - 5 = 8$$
$$\;3\quad2$$

[방법2] 13을 10과 3으로 가르기 한 후,

10에서 먼저 5를 빼고 남은 5와 3을 더합니다.

$$13 - 5 = 8$$
$$10\quad3$$

실력 확인하기

□ 안에 알맞은 수를 써넣으시오.

1 $11-7=\boxed{}$
$\boxed{}\quad6$

2 $14-5=\boxed{}$
$\boxed{}\quad1$

3 $12-5=\boxed{}$
$10\quad\boxed{}$

4 $17-8=\boxed{}$
$10\quad\boxed{}$

5 $15-8=\boxed{}$

6 $17-9=\boxed{}$

1

지윤이는 송편 14개 중에서 5개를 먹었습니다. 남은 송편은 몇 개입니까?

문제 이해하기 먹은 송편 수만큼 /으로 지워 보면

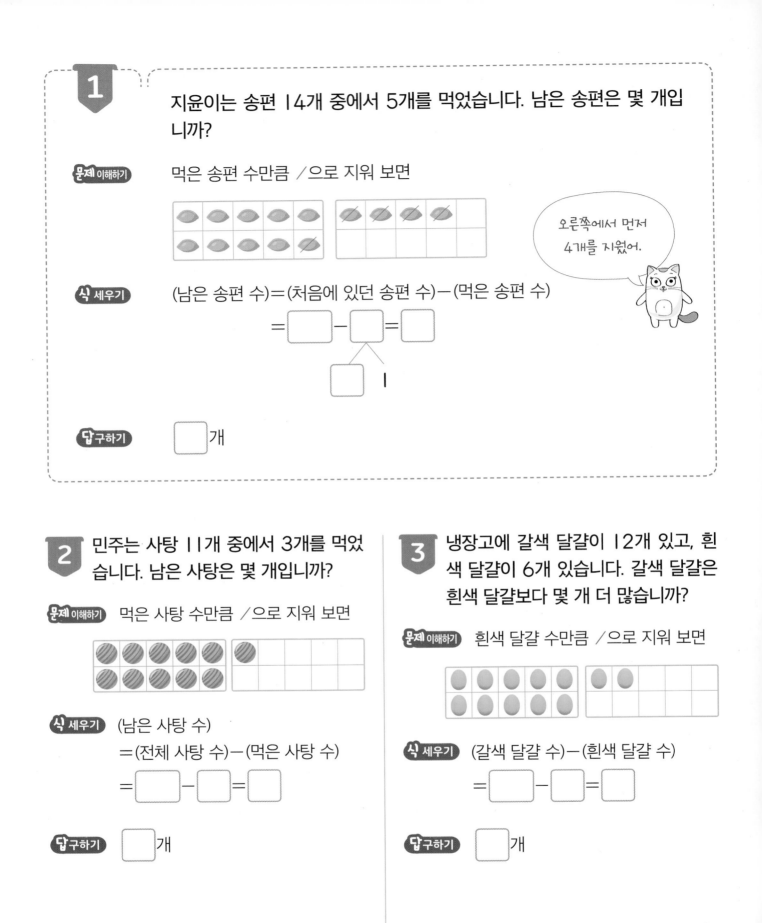

오른쪽에서 먼저 4개를 지웠어.

식 세우기 (남은 송편 수)=(처음에 있던 송편 수)−(먹은 송편 수)

= □ − □ = □

□ |

답 구하기 □ 개

---

2 민주는 사탕 11개 중에서 3개를 먹었습니다. 남은 사탕은 몇 개입니까?

문제 이해하기 먹은 사탕 수만큼 /으로 지워 보면

식 세우기 (남은 사탕 수)
= (전체 사탕 수)−(먹은 사탕 수)

= □ − □ = □

답 구하기 □ 개

---

3 냉장고에 갈색 달걀이 12개 있고, 흰색 달걀이 6개 있습니다. 갈색 달걀은 흰색 달걀보다 몇 개 더 많습니까?

문제 이해하기 흰색 달걀 수만큼 /으로 지워 보면

식 세우기 (갈색 달걀 수)−(흰색 달걀 수)

= □ − □ = □

답 구하기 □ 개

4

꽃밭에 나비가 13마리 있었는데 8마리가 날아갔습니다. 꽃밭에 남은 나비는 몇 마리입니까?

문제 이해하기 날아간 나비 수만큼 왼쪽에서 /으로 지워 보면

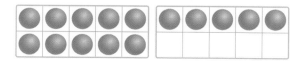

식 세우기 (남은 나비 수)＝(처음에 있던 나비 수)－(날아간 나비 수)

＝ ☐ － ☐ ＝ ☐

10 ☐

답 구하기 ☐ 마리

---

5 주머니에 구슬 15개가 들어 있었는데 9개를 꺼냈습니다. 주머니에 남은 구슬은 몇 개입니까?

문제 이해하기 꺼낸 구슬 수만큼 왼쪽에서 /으로 지워 보면

식 세우기 (주머니에 남은 구슬 수)

＝(처음에 들어 있던 구슬 수)

－(꺼낸 구슬 수)

＝ ☐ － ☐ ＝ ☐

답 구하기 ☐ 개

---

6 선생님께서 어린이 16명에게 풍선을 한 개씩 나누어 주려고 합니다. 선생님께서 풍선 7개를 가지고 있다면 풍선은 몇 개 더 필요합니까?

문제 이해하기 가지고 있는 풍선 수만큼 왼쪽에서 /으로 지워 보면

식 세우기 (더 필요한 풍선 수)

＝(전체 어린이 수)

－(가지고 있는 풍선 수)

＝ ☐ － ☐ ＝ ☐

답 구하기 ☐ 개

뺄셈 기차를 완성하라!

기차 조각을 연결해야 기차가 출발할 수 있어요.
먼저 출발한 사랑 기차를 보고, 행복 기차도 조각을 선으로 이어 출발시켜
주세요.

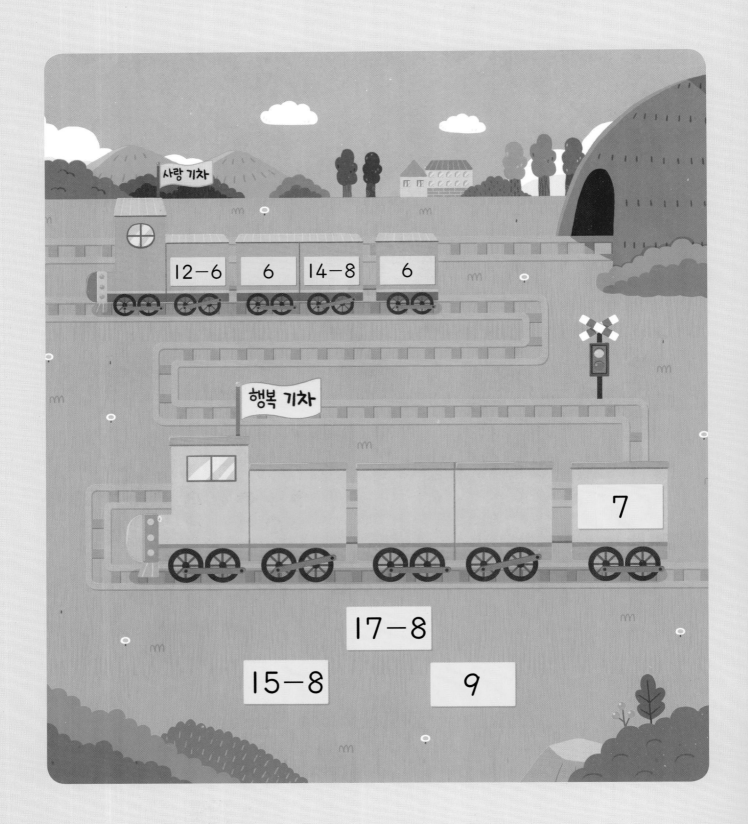

사랑 기차

12-6　6　14-8　6

행복 기차

7

17-8

15-8　9

교과서 덧셈구구와 뺄셈구구

(십몇)-(몇)=(몇) ❷

1 그림을 보고 뺄셈식을 만들어 보시오.

☐ - ☐ = ☐

 문제 이해하기

도넛과 우유 수를 각각 세어 보면

도넛은 ☐ 개, 우유는 ☐ 개

식 세우기

(도넛 수) - (우유 수)

= ☐ - ☐ = ☐

답 구하기

☐ - ☐ = ☐

2 그림을 보고 뺄셈식을 만들어 보시오.

☐ - ☐ = ☐

 문제 이해하기

 식 세우기

답 구하기

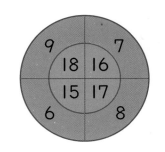

3 오른쪽 그림과 같은 과녁이 있습니다. 빨간색 부분을 맞히면 점수를 얻고, 파란색 부분을 맞히면 점수를 잃습니다. 민수가 화살 2개를 맞혔을 때, 민수의 점수는 몇 점입니까?

민수

문제 이해하기

민수가 맞힌 점수 중에서
18은 빨간색 부분이므로 (더하는 , 빼는) 수
9는 파란색 부분이므로 (더하는 , 빼는) 수

식 세우기

민수의 점수는

 □ − □ = □

답 구하기

□ 점

---

4 **3**번의 과녁에 승희가 화살 2개를 맞혔습니다. 승희의 점수는 몇 점입니까?

승희

문제 이해하기

식 세우기

답 구하기

110

옆으로 뺄셈식이 되는 세 수를 찾아 ☐−☐=☐ 표 하시오.

13	−	7	=	6	4	3
8		15		9	6	1
15		7		16	7	9
14		8		6	10	2

문제 이해하기

옆으로 나란히 있는 "큰 수, 작은 수, 작은 수"를 찾은 다음, 뺄셈식이 가능한 세 수인지 확인합니다.

답구하기

13	−	7	=	6	4	3
8		15		9	6	1
15		7		16	7	9
14		8		6	10	2

옆으로 뺄셈식이 되는 세 수를 찾아 ☐−☐=☐ 표 하시오.

8	−	1	=	7	2	4
11		5		6	7	8
15		13		4	9	6
12		15		8	7	8

문제 이해하기

답구하기

달리기 미션 성공하기

미래는 '미션 성공! 달리기'를 하고 있어요.
쪽지에 적힌 두 선수를 찾아 선으로 이어 주세요.

교과서 덧셈구구와 뺄셈구구

계산 결과의 크기 비교

5+6과 8+4의 계산 결과의 크기를 비교할 때에는

❶ 각 식을 계산한 다음,

❷ 계산 결과의 크기를 비교합니다.

➡ $5 + 6 = 11$ $<$ $8 + 4 = 12$

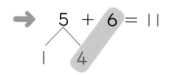 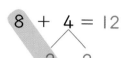

1   4   2   2

실력 확인하기

계산 결과의 크기를 비교하여 ○ 안에 >, <를 알맞게 써넣으시오.

1 $2+9 \bigcirc 5+7$ **2** $3+8 \bigcirc 6+6$

3 $8+7 \bigcirc 9+3$ **4** $7+6 \bigcirc 8+6$

5 $11-4 \bigcirc 14-6$ **6** $13-9 \bigcirc 15-7$

7 $12-5 \bigcirc 16-8$ **8** $18-9 \bigcirc 14-7$

1 수 카드로 덧셈 놀이를 하고 있습니다. 수 카드에 적힌 두 수의 합이 더 큰 어린이는 누구입니까?

9 3   7 6
우진   채영

문제 이해하기 우진이와 채영이의 수 카드에 적힌 수를 각각 더한 다음, 계산 결과의 크기를 비교합니다.

식 세우기
• (우진이의 수 카드에 적힌 수의 합)=9+3=☐
• (채영이의 수 카드에 적힌 수의 합)=7+6=☐

답 구하기 ☐

---

2 수 카드로 덧셈 놀이를 하고 있습니다. 수 카드에 적힌 두 수의 합이 더 큰 어린이는 누구입니까?

4 8   5 6
진서   선주

문제 이해하기 진서와 선주의 수 카드에 적힌 수를 각각 더한 다음, 계산 결과의 크기를 비교합니다.

식 세우기
• (진서의 수 카드에 적힌 수의 합)
  =4+8=☐
• (선주의 수 카드에 적힌 수의 합)
  =5+6=☐

답 구하기 ☐

---

3 공에 적힌 두 수의 차가 더 큰 사람이 이기는 놀이를 하였습니다. 누가 이겼습니까?

11 3   12 5
세인   준혁

문제 이해하기 세인이와 준혁이의 공에 적힌 두 수 중에서 큰 수에서 작은 수를 각각 뺀 다음, 계산 결과의 크기를 비교합니다.

식 세우기
• (세인이의 공에 적힌 수의 차)
  =☐-☐=☐
• (준혁이의 공에 적힌 수의 차)
  =☐-☐=☐

답 구하기 ☐

4

1부터 9까지의 수 중에서 □ 안에 들어갈 수 있는 가장 큰 수는 무엇입니까?

$$15-7>5+□$$

문제 이해하기 계산할 수 있는 부분을 계산한 다음, □ 안에 수를 하나씩 넣어서 수의 크기를 비교해 봅니다.

식 세우기 15−7=□ 이므로 □ > 5+□

□=1이면 5+□=□   □=2이면 5+□=□

□=3이면 5+□=□

답 구하기 □

---

5 1부터 9까지의 수 중에서 □ 안에 들어갈 수 있는 가장 큰 수는 무엇입니까?

$$14-8>2+□$$

문제 이해하기 계산할 수 있는 부분을 계산한 다음, □ 안에 수를 하나씩 넣어서 수의 크기를 비교해 봅니다.

식 세우기 14−8=□ 이므로 □ > 2+□

□=3이면 2+□=□

□=4이면 2+□=□

답 구하기 □

---

6 1부터 9까지의 수 중에서 □ 안에 들어갈 수 있는 수는 모두 몇 개입니까?

$$16-□<9$$

문제 이해하기 계산할 수 있는 부분을 계산한 다음, □ 안에 수를 하나씩 넣어서 수의 크기를 비교해 봅니다.

식 세우기 □=9이면 16−□=□

□=8이면 16−□=□

□=7이면 16−□=□

➡ □=□ , □

답 구하기 □ 개

정답 확인   오늘 나의 실력은?   부모님 확인

구슬 나누어 주기

수아 동생이 구슬이 적다고 슬퍼하고 있어요. 그래서 수아와 태준이가 수아 동생에게 구슬을 나누어 주려고 해요. 다음과 같이 구슬을 나누어 줬을 때 수아 동생이 가지게 될 구슬 수를 적고, 수아, 수아 동생, 태준이 중 구슬을 가장 적게 가지고 있을 사람에게 ◯표 하세요.

교과서 | 덧셈구구와 뺄셈구구

단원 마무리

---

01 10을 이용하여 모으기와 가르기를 해 보시오.

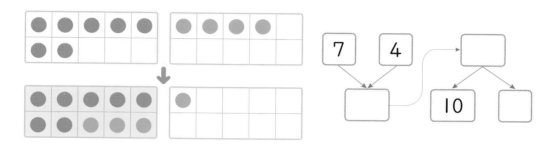

---

02 두 수의 차가 작은 것부터 순서대로 점을 이어 보시오.

11-8
출발
16-9
14-6
13-7

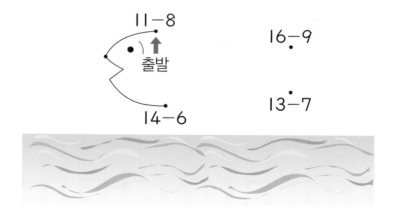

03 □ 안에 알맞은 수를 써넣으시오.

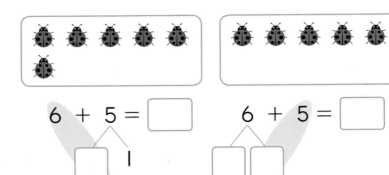

$$6 + 5 = \boxed{} \qquad 6 + 5 = \boxed{}$$

$$\boxed{} \quad \overset{|}{} \qquad\qquad \boxed{} \quad \boxed{}$$

04 같은 모양은 같은 수를 나타냅니다. 🍍이 나타내는 수를 구하시오.

$$17 - 8 = 🍎, \qquad 4 + 🍎 = 🍍$$

05 어떤 수에서 3을 뺐더니 9가 되었습니다. 어떤 수를 구하시오.

06 옆으로 덧셈식이 되는 세 수를 찾아 □+□=□ 표 하시오.

⟨5 + 4 = 9⟩			7	5
2	3	7	4	11
7	8	8	16	17
6	7	13	14	9

07 💀이 있는 칸에 들어갈 뺄셈식과 차가 같은 뺄셈식 2개를 그림에서 찾아 써 보시오.

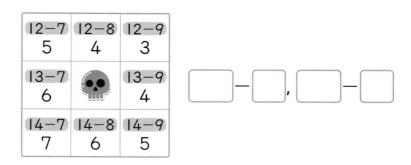

08 수 카드 중에서 2장을 골라 합을 구하려고 합니다. 합이 가장 클 때의 합에서 합이 가장 작을 때의 합을 빼면 얼마인지 구하시오.

$$\boxed{7}\ \boxed{6}\ \boxed{8}\ \boxed{5}\ \boxed{4}$$

09 1부터 9까지의 수 중에서 □ 안에 들어갈 수 있는 수는 모두 몇 개인지 구하시오.

$$9+\square>8+7$$

10 꺼낸 공에 적힌 두 수의 합이 크면 이기는 놀이를 하고 있습니다. 어떤 수의 공을 꺼내야 진영이가 이길 수 있습니까?

나는 8과 5를 꺼냈어.

민호

나는 7을 꺼냈어. 두 번째는 무엇을 꺼내야 할까?

진영

정답 확인 · 오늘 나의 실력은? · 부모님 확인

덧셈과 뺄셈

이렇게 배우고 있어요!

배운 내용

[1-2]
· 세 수의 덧셈과 뺄셈
· 덧셈구구와 뺄셈구구

단원 내용

· 받아올림이 없는
  (두 자리 수)+(한 자리 수)
  (두 자리 수)+(두 자리 수)
· 받아내림이 없는
  (두 자리 수)-(한 자리 수)
  (두 자리 수)-(두 자리 수)

배울 내용

[2-1]
· 받아올림이 있는
  두 자리 수의 덧셈
· 받아내림이 있는
  두 자리 수의 뺄셈

학습 계획 세우기

공부할 내용에 대한 계획을 세우고,
학습해 보아요!

		학습 계획일	
6주 3일	받아올림이 없는 (두 자리 수)+(한 자리 수) ❶	월	일
6주 4일	받아올림이 없는 (두 자리 수)+(한 자리 수) ❷	월	일
6주 5일	받아올림이 없는 (두 자리 수)+(두 자리 수) ❶	월	일
7주 1일	받아올림이 없는 (두 자리 수)+(두 자리 수) ❷	월	일
7주 2일	그림을 보고 덧셈하기	월	일
7주 3일	받아내림이 없는 (두 자리 수)-(한 자리 수) ❶	월	일
7주 4일	받아내림이 없는 (두 자리 수)-(한 자리 수) ❷	월	일
7주 5일	받아내림이 없는 (두 자리 수)-(두 자리 수) ❶	월	일
8주 1일	받아내림이 없는 (두 자리 수)-(두 자리 수) ❷	월	일
8주 2일	그림을 보고 뺄셈하기	월	일
8주 3일	□의 값 구하기	월	일
8주 4일	계산 결과의 크기 비교	월	일
8주 5일	단원 마무리	월	일

교과서 덧셈과 뺄셈

받아올림이 없는 (두 자리 수)+(한 자리 수) ❶

21+3을 계산할 때에는

❶ 낱개의 수끼리 더한 다음,

❷ 10개씩 묶음의 수를 그대로 내려 씁니다.

$$\begin{array}{r} 2\ 1 \\ +\ \ \ 3 \\ \hline 4 \end{array} \Rightarrow \begin{array}{r} 2\ 1 \\ +\ \ \ 3 \\ \hline 2\ 4 \end{array}$$

실력 확인하기

덧셈을 하시오.

1
$$\begin{array}{r} 1\ 7 \\ +\ \ \ 2 \\ \hline \end{array}$$

2
$$\begin{array}{r} 2\ 2 \\ +\ \ \ 6 \\ \hline \end{array}$$

3
$$\begin{array}{r} 3\ 4 \\ +\ \ \ 5 \\ \hline \end{array}$$

4
$$\begin{array}{r} 4\ 0 \\ +\ \ \ 8 \\ \hline \end{array}$$

5 34+2=☐

6 56+1=☐

7 5+24=☐

8 4+63=☐

1

갈색 달걀 26개와 흰색 달걀 3개가 있습니다. 달걀은 모두 몇 개입니까?

문제 이해하기   흰색 달걀 수만큼 ○를 그려 보면

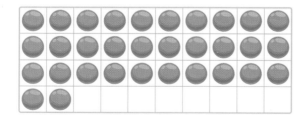

식 세우기   (전체 달걀 수)=(갈색 달걀 수)+(흰색 달걀 수)

= ☐ + ☐ = ☐

+

답 구하기   ☐ 개

2

바구니 안에 알사탕 32개와 막대 사탕 6개가 있습니다. 바구니 안에 있는 알사탕과 막대 사탕은 모두 몇 개입니까?

문제 이해하기   막대 사탕 수만큼 ○를 그려 보면

식 세우기   (알사탕과 막대 사탕 수)

= (알사탕 수)+(막대 사탕 수)

= ☐ + ☐ = ☐

답 구하기   ☐ 개

3

목장에 말이 21마리 있었습니다. 오늘 말 4마리가 더 태어났습니다. 말은 모두 몇 마리입니까?

문제 이해하기   더 태어난 말 수만큼 ○를 그려 보면

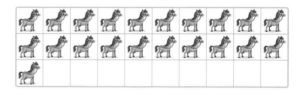

식 세우기   (전체 말 수)

= (처음에 있던 말 수)

    + (더 태어난 말 수)

= ☐ + ☐ = ☐

답 구하기   ☐ 마리

4 덧셈을 해 보고 다음에 올 덧셈식을 써 보시오.

$53+1=\boxed{}$, $53+2=\boxed{}$, $53+3=\boxed{}$, $\boxed{}+\boxed{}=\boxed{}$

문제 이해하기 53부터 이어 세어 보면

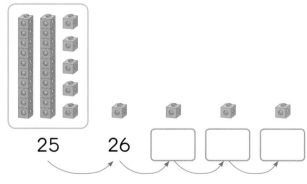

53   54 $\boxed{}$ $\boxed{}$ $\boxed{}$

답 구하기 (왼쪽에서부터) $\boxed{}$, $\boxed{}$, $\boxed{}$, $\boxed{}+\boxed{}=\boxed{}$

---

5 덧셈을 해 보고 다음에 올 덧셈식을 써 보시오.

$25+1=\boxed{}$, $25+2=\boxed{}$,

$25+3=\boxed{}$, $\boxed{}+\boxed{}=\boxed{}$

문제 이해하기 25부터 이어 세어 보면

25   26 $\boxed{}$ $\boxed{}$ $\boxed{}$

답 구하기 (위에서부터) $\boxed{}$, $\boxed{}$, $\boxed{}$,

$\boxed{}+\boxed{}=\boxed{}$

---

6 덧셈을 하고 □ 안에 알맞은 수를 써 넣으시오.

$70+1=\boxed{}$, $70+2=\boxed{}$,

$70+3=\boxed{}$

합이 $\boxed{}$씩 커집니다.

문제 이해하기 70부터 이어 세어 보면

70   71 $\boxed{}$ $\boxed{}$

답 구하기 (위에서부터) $\boxed{}$, $\boxed{}$, $\boxed{}$

$\boxed{}$

생일 케이크 완성하기

수정이와 찬이가 블록 놀이를 하고 있어요.
수정이는 블록으로 생일 케이크를 만들고 있는데, 완성하려면 찬이네 블록
가게에서 블록 2개를 사야 한대요. 블록에는 포인트가 정해져 있네요. 수정
이가 케이크를 완성하려면 몇 포인트가 필요한지 써 보세요.

교과서 덧셈과 뺄셈

받아올림이 없는 (두 자리 수)+(한 자리 수) ❷

1

가장 큰 수와 가장 작은 수의 합을 구하시오.

67　3　70　9

문제 이해하기 그림에 적힌 수를 10개씩 묶음과 낱개의 수로 나타내 보면

수	67	3	70	9
10개씩 묶음	☐	☐	☐	☐
낱개	☐	☐	☐	☐

➡ 수의 크기를 비교해 보면 ☐ > ☐ > ☐ > ☐

식 세우기 (가장 큰 수)+(가장 작은 수)= ☐ + ☐ = ☐

답 구하기 ☐

2 가장 큰 수와 가장 작은 수의 합을 구하시오.

2　40　8　57

문제 이해하기

식 세우기

답 구하기

3

계산 결과에 맞게 상자에서 수를 하나씩 골라 ☐ 안에 써넣으시오.

23 31 25   5 1 6   ☐ + ☐ = 28

문제 이해하기

❶  와 ▢ 에서 수를 하나씩 골라 더한 결과는 28

❷ 계산 결과의 10개씩 묶음의 수는 ☐ 이므로

▢ 에서 고를 수 있는 수는 ☐ , ☐

→ 계산 결과의 낱개의 수는 ☐ 이므로

▢ 에서 고른 수가 ☐ 이면 ▢ 에서 골라야 하는 수는 ☐

▢ 에서 고른 수가 ☐ 이면 ▢ 에서 골라야 하는 수는 ☐

상자 안에 있는 수를
잘 살펴봐!

답 구하기 ☐ , ☐

4

계산 결과에 맞게 상자에서 수를 하나씩 골라 ☐ 안에 써넣으시오.

54 42 57   2 7 4   ☐ + ☐ = 59

문제 이해하기

답 구하기

5

수 카드를 한 번씩만 사용하여 가장 큰 몇십몇을 만들었습니다. 이 수와 남은 수 카드의 수의 합은 얼마입니까?

$$\boxed{7} \quad \boxed{2} \quad \boxed{4}$$

문제 이해하기

❶ 수 카드에 적힌 세 수의 크기를 비교해 보면

$$\boxed{} < \boxed{} < \boxed{}$$

❷ 가장 큰 몇십몇을 만들 때에는

10개씩 묶음의 수에 가장 큰 수인 $\boxed{}$을 놓고,

낱개의 수에 둘째로 큰 수인 $\boxed{}$를 놓습니다.

> 10개씩 묶음의 수가 클수록 큰 수야!

식 세우기

(가장 큰 몇십몇)＋(남은 수 카드의 수)

$$= \boxed{} + \boxed{} = \boxed{}$$

답 구하기

$$\boxed{}$$

6

수 카드를 한 번씩만 사용하여 가장 큰 몇십몇을 만들었습니다. 이 수와 남은 수 카드의 수의 합은 얼마입니까?

$$\boxed{3} \quad \boxed{8} \quad \boxed{1}$$

문제 이해하기

식 세우기

답 구하기

정답 확인

오늘 나의 실력은? | 부모님 확인

재미있는 수학 놀이터

암호를 찾아라!

친구들이 방 탈출 게임을 하고 있어요.
비밀번호를 알아야 문을 열 수 있대요.
친구들이 힌트를 찾아주었어요. 힌트를 보고 비밀번호를 써 주세요.

〈힌트 1〉
4장의 수 카드 중 짝수는 짝수끼리, 홀수는 홀수끼리 더해 주세요. (단, 카드는 한 번씩만 사용이 가능합니다.)

〈힌트 2〉
비밀번호는 〈힌트 1〉에서 계산 결과가 더 큰 수입니다.

| 21 | 2 | 3 | 24 |

아하!
비밀번호는 ☐ 이야.

교과서 덧셈과 뺄셈

받아올림이 없는
(두 자리 수)+(두 자리 수) ❶

35+12를 계산할 때에는

❶ 낱개의 수끼리 더한 다음,

❷ 10개씩 묶음의 수끼리 더합니다.

$$
\begin{array}{r}
3\ 5 \\
+\ 1\ 2 \\
\hline
7
\end{array}
\quad\Rightarrow\quad
\begin{array}{r}
3\ 5 \\
+\ 1\ 2 \\
\hline
4\ 7
\end{array}
$$

실력 확인하기

덧셈을 하시오.

1
$$
\begin{array}{r}
2\ 0 \\
+\ 5\ 0 \\
\hline
\end{array}
$$

2
$$
\begin{array}{r}
4\ 0 \\
+\ 2\ 5 \\
\hline
\end{array}
$$

3
$$
\begin{array}{r}
1\ 4 \\
+\ 3\ 1 \\
\hline
\end{array}
$$

4
$$
\begin{array}{r}
3\ 3 \\
+\ 4\ 6 \\
\hline
\end{array}
$$

5 17+20=☐

6 36+32=☐

7 46+23=☐

8 51+35=☐

1

꽃병에 빨간색 튤립 40송이와 노란색 튤립 10송이가 있습니다. 꽃병에 있는 튤립은 모두 몇 송이입니까?

문제 이해하기 노란색 튤립 수만큼 ○를 그려 보면

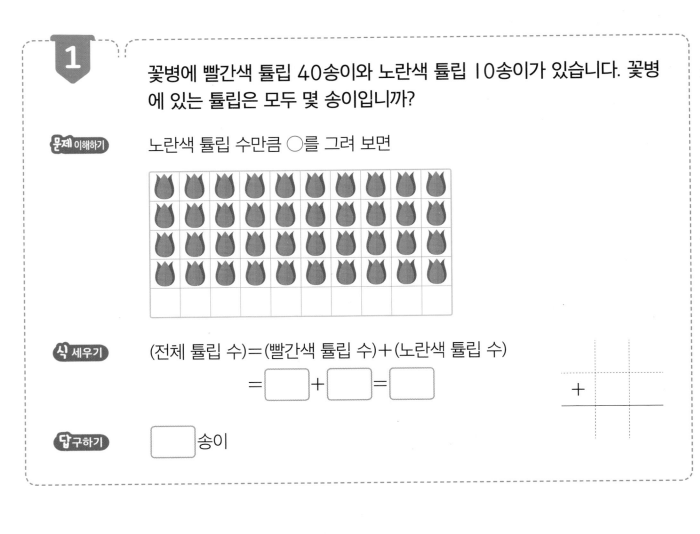

식 세우기 (전체 튤립 수)=(빨간색 튤립 수)+(노란색 튤립 수)

= ☐ + ☐ = ☐

답 구하기 ☐ 송이

---

2 바구니 안에 밤 20개와 호두 20개가 있습니다. 바구니 안에 있는 밤과 호두는 모두 몇 개입니까?

문제 이해하기 호두 수만큼 ○를 그려 보면

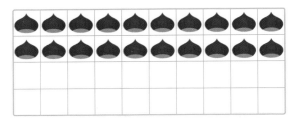

식 세우기 (밤과 호두 수)

=(밤 수)+(호두 수)

= ☐ + ☐ = ☐

답 구하기 ☐ 개

---

3 준수는 색종이로 개구리를 어제는 30개 접었고, 오늘은 어제보다 10개 더 접었습니다. 준수가 오늘 접은 개구리는 몇 개입니까?

문제 이해하기 더 접은 개구리 수만큼 ○를 그려 보면

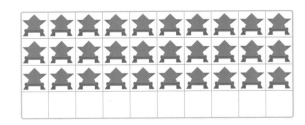

식 세우기 (오늘 접은 개구리 수)

=(어제 접은 개구리 수)

  +(더 접은 개구리 수)

= ☐ + ☐ = ☐

답 구하기 ☐ 개

4

빵집에 크림빵 23개와 단팥빵 14개가 있습니다. 빵집에 있는 크림빵과 단팥빵은 모두 몇 개입니까?

문제 이해하기

단팥빵 수만큼 ◯를 그려 보면

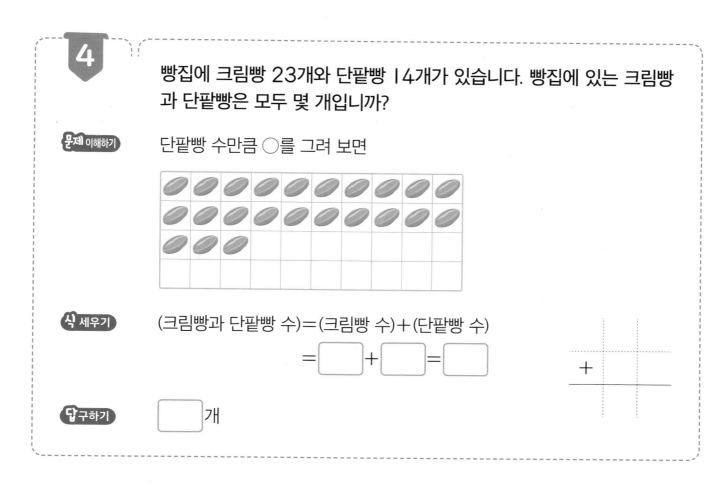

식 세우기

(크림빵과 단팥빵 수)=(크림빵 수)+(단팥빵 수)

= ☐ + ☐ = ☐

☐ +

답 구하기

☐ 개

5

수족관에 금붕어 31마리와 열대어 15마리가 있습니다. 수족관에 있는 금붕어와 열대어는 모두 몇 마리입니까?

문제 이해하기 열대어 수만큼 ◯를 그려 보면

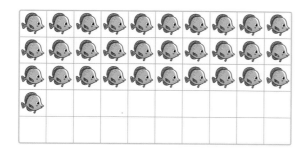

식 세우기

(금붕어와 열대어 수)
= (금붕어 수)+(열대어 수)

= ☐ + ☐ = ☐

답 구하기 ☐ 마리

6

딸기를 유라는 20개 땄고 수진이는 유라보다 18개 더 많이 땄습니다. 수진이가 딴 딸기는 몇 개입니까?

문제 이해하기 더 딴 딸기 수만큼 ◯를 그려 보면

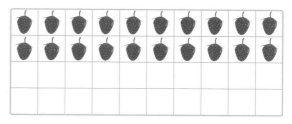

식 세우기

(수진이가 딴 딸기 수)
= (유라가 딴 딸기 수)
  + (더 딴 딸기 수)

= ☐ + ☐ = ☐

답 구하기 ☐ 개

얼마를 내야 할까요?

토끼가 심부름으로 당근 케이크를 사러 갔어요.
그런데 당근 케이크에는 가격이 적혀 있지 않네요.
안내에 따라 당근 케이크 가격을 계산해 보고, 내야 할 돈만큼 색칠해 보세요.

교과서 덧셈과 뺄셈

받아올림이 없는
(두 자리 수)+(두 자리 수) ❷

1 두 수를 골라 합이 60이 되도록 덧셈식을 써 보시오.

| 10 | 20 | 30 | 40 |

☐ + ☐ = 60

문제 이해하기

❶ 두 수를 골라 더한 결과는 60

→ 10개씩 묶음은 ☐개

❷ 수 카드에 적힌 수의 10개씩 묶음은

10 → ☐개,　20 → ☐개,

30 → ☐개,　40 → ☐개

카드에 적힌 수는 몇십이니까 10개씩 묶음끼리의 합을 잘 봐!

답 구하기

☐ , ☐

2 두 수를 골라 합이 70이 되도록 덧셈식을 써 보시오.

| 10 | 20 | 40 | 50 |

☐ + ☐ = 70

문제 이해하기

답 구하기

주머니에서 수를 하나씩 골라 덧셈식을 써 보시오.

20 13
32 25

12 34
40 51

☐ + ☐ = ☐

문제 이해하기

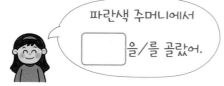

파란색 주머니에서
☐ 을/를 골랐어.

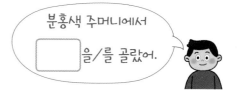

분홍색 주머니에서
☐ 을/를 골랐어.

식 세우기

(파란색 주머니에서 고른 수)＋(분홍색 주머니에서 고른 수)

= ☐ ＋ ☐ = ☐

답 구하기

☐ ＋ ☐ = ☐

4

주머니에서 수를 하나씩 골라 덧셈식을 써 보시오.

23 10
42 31

36 11
50 25

☐ + ☐ = ☐

문제 이해하기

식 세우기

답 구하기

5 효빈이는 도토리를 30개 주웠고 진성이는 효빈이보다 4개 더 많이 주웠습니다. 효빈이와 진성이가 주운 도토리는 모두 몇 개입니까?

문제 이해하기   진성이가 주운 도토리 수를 모형으로 나타내 보면

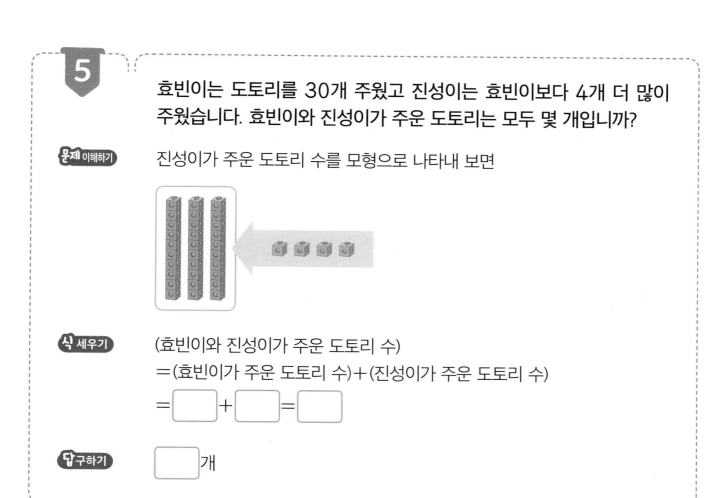

식 세우기   (효빈이와 진성이가 주운 도토리 수)

=(효빈이가 주운 도토리 수)+(진성이가 주운 도토리 수)

= ▢ + ▢ = ▢

답 구하기   ▢ 개

---

6 윤호는 동화책을 어제는 43쪽 읽었고 오늘은 어제보다 2쪽 더 많이 읽었습니다. 윤호가 어제와 오늘 읽은 동화책은 모두 몇 쪽입니까?

문제 이해하기

식 세우기

답 구하기

아인이네 반은 몇 반?

아인이네 학교에서 운동회를 했어요.
총점이 가장 높은 반이 우승인데, 아인이네 반이 우승을 했군요.
각 반의 점수를 합해 총점을 적고, 아인이네 반은 몇 반인지 써 보세요.

1등: 30점	2등 : 20점	3등: 15점	
	1반	2반	3반
박 터트리기	1등	2등	3등
이어달리기	3등	1등	2등
총점	☐점	☐점	☐점

아인이네 반: ☐반

교과서 덧셈과 뺄셈

그림을 보고 덧셈하기

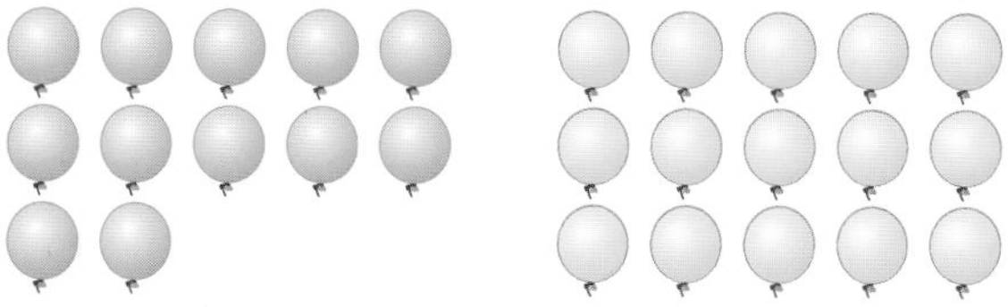

빨간 풍선은 12개, 노란 풍선은 15개이므로

빨간 풍선과 노란 풍선은 모두

12+15=27(개)입니다.

실력 확인하기

그림을 보고 덧셈식을 만들려고 합니다. □ 안에 알맞은 수를 써넣으시오.

1 □+10=□

2 11+□=□

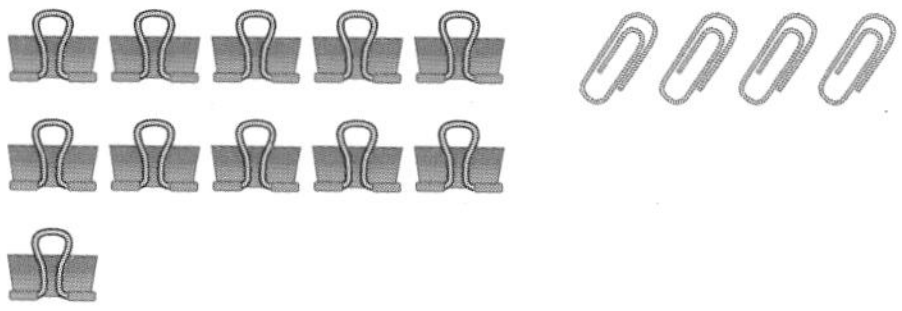

3 □+20=□

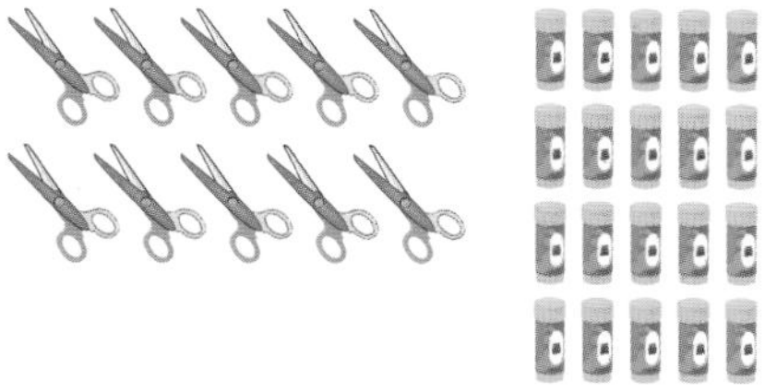

4 10+□=□

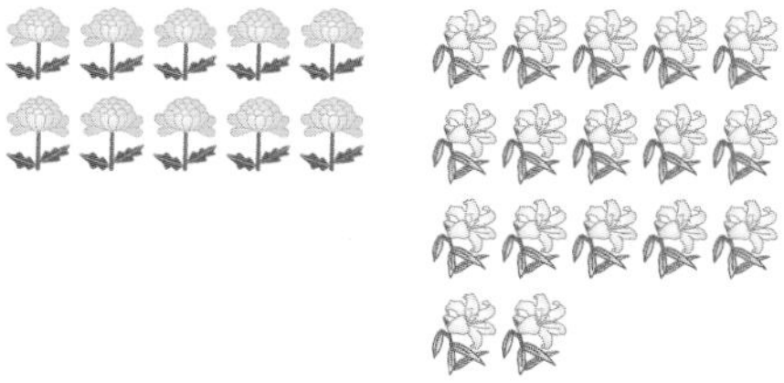

5 23+□=□

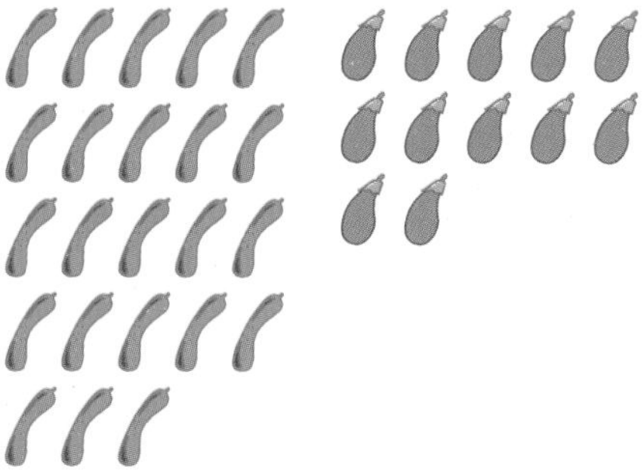

6 16+□=□

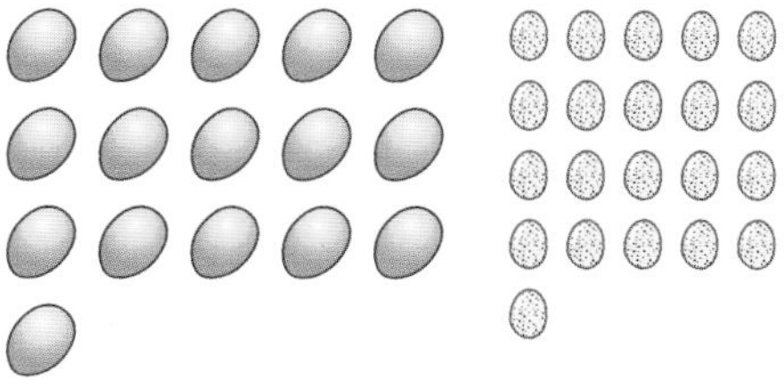

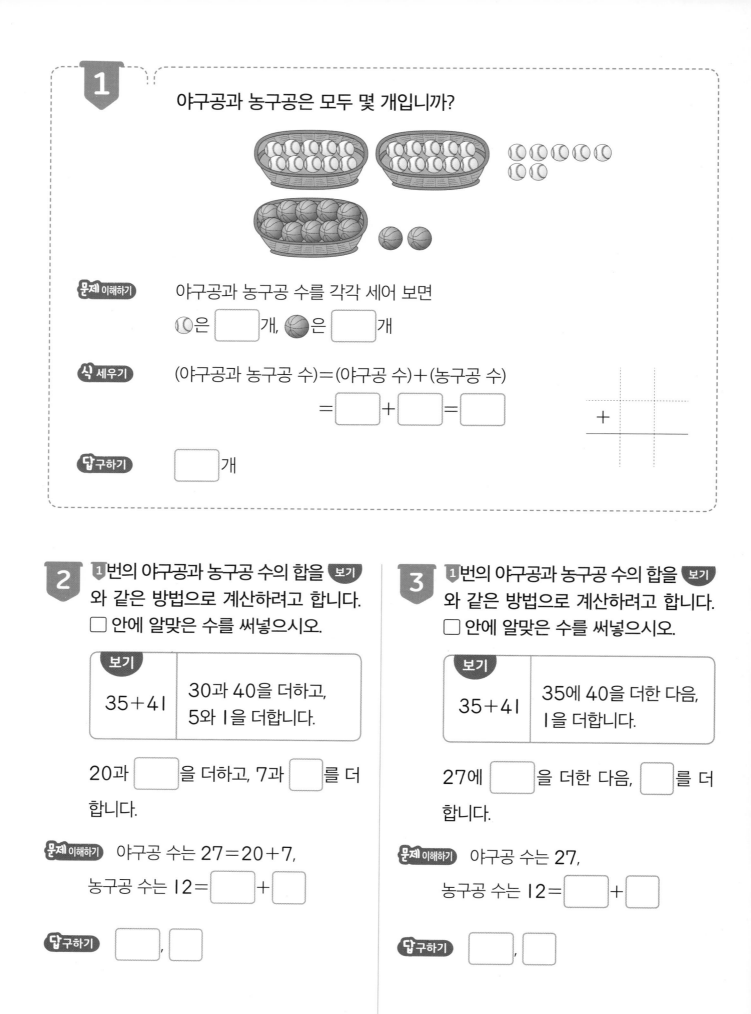

1 야구공과 농구공은 모두 몇 개입니까?

문제 이해하기 야구공과 농구공 수를 각각 세어 보면

야구공은 ☐ 개, 농구공은 ☐ 개

식 세우기 (야구공과 농구공 수)=(야구공 수)+(농구공 수)

= ☐ + ☐ = ☐

+

답 구하기 ☐ 개

2 1번의 야구공과 농구공 수의 합을 보기 와 같은 방법으로 계산하려고 합니다. ☐ 안에 알맞은 수를 써넣으시오.

보기	
35+41	30과 40을 더하고, 5와 1을 더합니다.

20과 ☐ 을 더하고, 7과 ☐ 를 더합니다.

문제 이해하기 야구공 수는 27=20+7, 농구공 수는 12= ☐ + ☐

답 구하기 ☐ , ☐

3 1번의 야구공과 농구공 수의 합을 보기 와 같은 방법으로 계산하려고 합니다. ☐ 안에 알맞은 수를 써넣으시오.

보기	
35+41	35에 40을 더한 다음, 1을 더합니다.

27에 ☐ 을 더한 다음, ☐ 를 더합니다.

문제 이해하기 야구공 수는 27, 농구공 수는 12= ☐ + ☐

답 구하기 ☐ , ☐

4

딸기 우유와 초콜릿 우유는 모두 몇 개입니까?

문제 이해하기

딸기 우유와 초콜릿 우유 수를 각각 세어 보면

🥛는 ☐ 개, 🥛는 ☐ 개

식 세우기

(딸기 우유와 초콜릿 우유 수)
= (딸기 우유 수) + (초콜릿 우유 수)
= ☐ + ☐ = ☐

$$+\quad\quad$$

답 구하기

☐ 개

5

수아가 ④번에서 딸기 우유와 초콜릿 우유 수의 합을 계산한 방법을 설명하려고 합니다. ☐ 안에 알맞은 수를 써넣으시오.

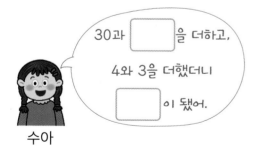

30과 ☐ 을 더하고,

4와 3을 더했더니

☐ 이 됐어.

수아

문제 이해하기 딸기 우유 수는 34=30+4,

초콜릿 우유 수는 23= ☐ +3

답 구하기 ☐ , ☐

6

지훈이가 ④번에서 딸기 우유와 초콜릿 우유 수의 합을 계산한 방법을 설명하려고 합니다. ☐ 안에 알맞은 수를 써넣으시오.

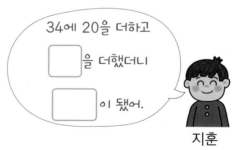

34에 20을 더하고

☐ 을 더했더니

☐ 이 됐어.

지훈

문제 이해하기 딸기 우유 수는 34,

초콜릿 우유 수는 23=20+ ☐

답 구하기 ☐ , ☐

정답 확인 오늘 나의 실력은? 부모님 확인

이상한 신호등

4개의 신호등이 있어요. 이 신호등에는 규칙이 숨어 있지요.
규칙을 찾아 신호등의 빈 곳에 숫자를 써 주세요.

교과서 덧셈과 뺄셈

받아내림이 없는 (두 자리 수)-(한 자리 수) ❶

37-4를 계산할 때에는

❶ 낱개의 수끼리 뺀 다음,

❷ 10개씩 묶음의 수를 그대로 내려 씁니다.

$$\begin{array}{ccc} & 3 & 7 \\ - & & 4 \\ \hline & & 3 \end{array} \Rightarrow \begin{array}{ccc} & 3 & 7 \\ - & & 4 \\ \hline & 3 & 3 \end{array}$$

실력 확인하기

뺄셈을 하시오.

1
$$\begin{array}{ccc} & 1 & 4 \\ - & & 2 \\ \hline & & \end{array}$$

2
$$\begin{array}{ccc} & 2 & 9 \\ - & & 7 \\ \hline & & \end{array}$$

3
$$\begin{array}{ccc} & 5 & 7 \\ - & & 1 \\ \hline & & \end{array}$$

4
$$\begin{array}{ccc} & 4 & 2 \\ - & & 2 \\ \hline & & \end{array}$$

5 32-1= ☐

6 58-2= ☐

7 69-4= ☐

8 87-3= ☐

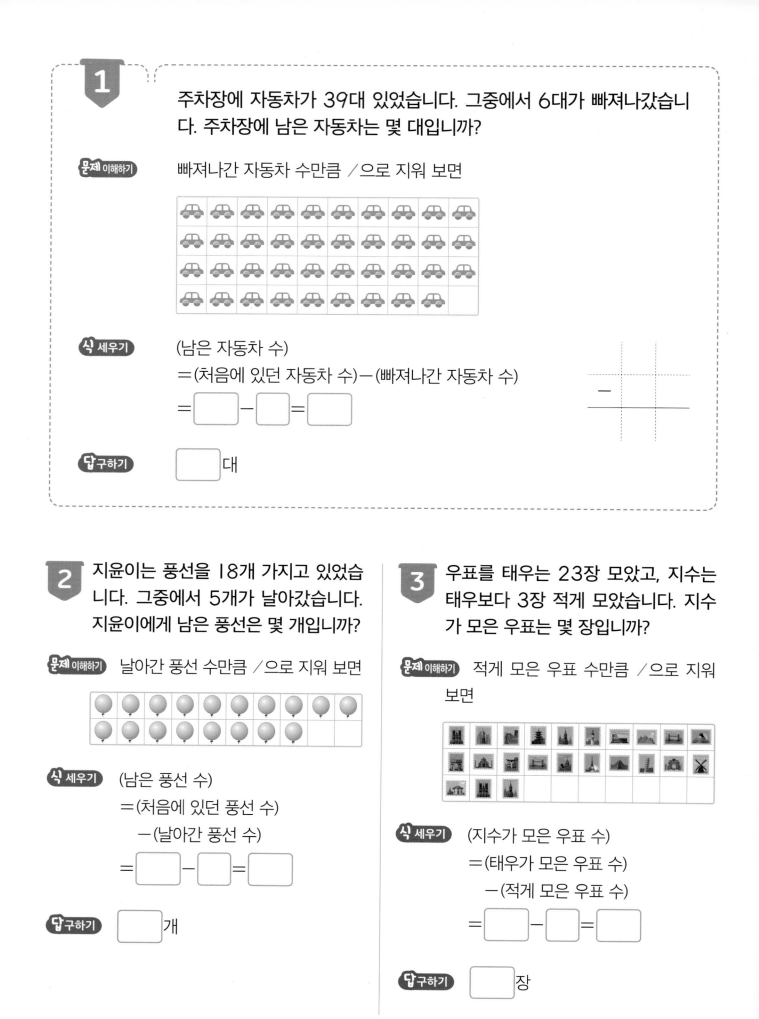

1

주차장에 자동차가 39대 있었습니다. 그중에서 6대가 빠져나갔습니다. 주차장에 남은 자동차는 몇 대입니까?

문제 이해하기 빠져나간 자동차 수만큼 /으로 지워 보면

식 세우기 (남은 자동차 수)
=(처음에 있던 자동차 수)－(빠져나간 자동차 수)
= ☐ － ☐ = ☐

답 구하기 ☐ 대

2 지윤이는 풍선을 18개 가지고 있었습니다. 그중에서 5개가 날아갔습니다. 지윤이에게 남은 풍선은 몇 개입니까?

문제 이해하기 날아간 풍선 수만큼 /으로 지워 보면

식 세우기 (남은 풍선 수)
=(처음에 있던 풍선 수)
－(날아간 풍선 수)
= ☐ － ☐ = ☐

답 구하기 ☐ 개

3 우표를 태우는 23장 모았고, 지수는 태우보다 3장 적게 모았습니다. 지수가 모은 우표는 몇 장입니까?

문제 이해하기 적게 모은 우표 수만큼 /으로 지워 보면

식 세우기 (지수가 모은 우표 수)
=(태우가 모은 우표 수)
－(적게 모은 우표 수)
= ☐ － ☐ = ☐

답 구하기 ☐ 장

4 뺄셈을 해 보고 다음에 올 뺄셈식을 써 보시오.

$48 - 2 = \boxed{}$, $47 - 2 = \boxed{}$, $46 - 2 = \boxed{}$, $\boxed{} - \boxed{} = \boxed{}$

문제 이해하기 빼는 수만큼 모형에서 덜어 내 보면

48－2에서
빼는 수는 2!

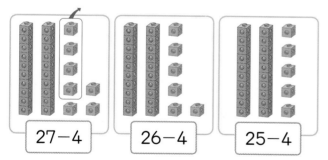

| 48－2 | 47－2 | 46－2 |

답 구하기 (왼쪽에서부터) $\boxed{}$, $\boxed{}$, $\boxed{}$, $\boxed{} - \boxed{} = \boxed{}$

---

5 뺄셈을 해 보고 다음에 올 뺄셈식을 써 보시오.

$27 - 4 = \boxed{}$, $26 - 4 = \boxed{}$,

$25 - 4 = \boxed{}$, $\boxed{} - \boxed{} = \boxed{}$

문제 이해하기 빼는 수만큼 모형에서 덜어 내 보면

| 27－4 | 26－4 | 25－4 |

답 구하기 (위에서부터) $\boxed{}$, $\boxed{}$, $\boxed{}$,

$\boxed{} - \boxed{} = \boxed{}$

---

6 뺄셈을 하고 □ 안에 알맞은 수를 써 넣으시오.

$35 - 3 = \boxed{}$, $34 - 3 = \boxed{}$,

$33 - 3 = \boxed{}$

차가 $\boxed{}$ 씩 작아집니다.

문제 이해하기 빼는 수만큼 모형에서 덜어 내 보면

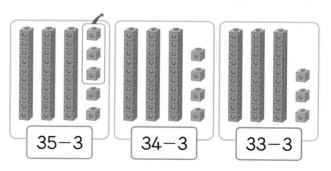

| 35－3 | 34－3 | 33－3 |

답 구하기 (위에서부터) $\boxed{}$, $\boxed{}$, $\boxed{}$,

$\boxed{}$

나이가 가장 적은 사람은?

미래와 대한이가 가족사진을 보고 있네요.
두 친구의 부모님 중에서 나이가 가장 적은 사람은 누구인지 ○표 해 보세요.

미래와 대한이의 부모님 중에서 나이가 가장 적은 사람은
(미래 , 대한이)의 (아버지 , 어머니)입니다.

교과서 덧셈과 뺄셈

받아내림이 없는 (두 자리 수)-(한 자리 수) ❷

1 ◼ 모양에 적힌 두 수의 차를 구하시오.

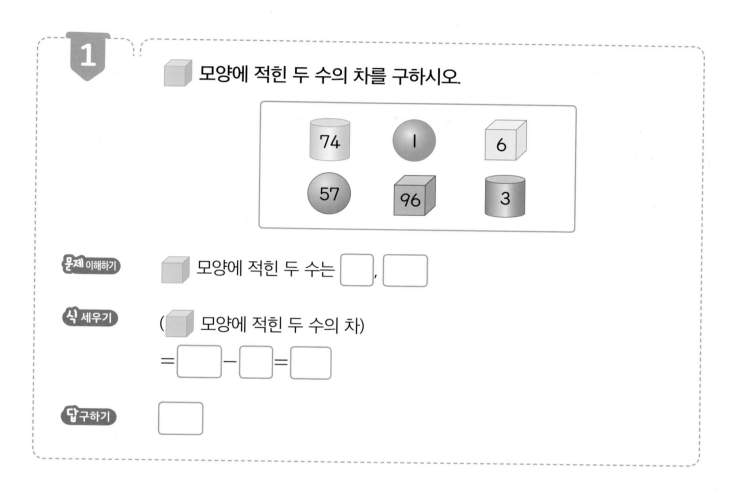

문제 이해하기 ◼ 모양에 적힌 두 수는 ☐ , ☐

식 세우기 (◼ 모양에 적힌 두 수의 차)

= ☐ – ☐ = ☐

답 구하기 ☐

2 ◼ 모양에 적힌 두 수의 차를 구하시오.

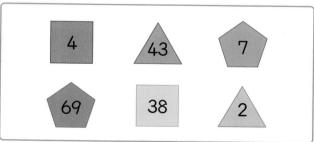

문제 이해하기

식 세우기

답 구하기

3

은지네 반 학생은 모두 27명입니다. 아침 활동 시간에 교실에서 책을 읽는 학생은 몇 명입니까?

〈아침 활동〉

•이어달리기 연습 5명: 운동장에 모이기

•나머지 학생: 교실에서 책 읽기

문제 이해하기 책을 읽는 학생은 이어달리기 연습을 하지 않는 학생입니다.

식 세우기 (책을 읽는 학생 수)=(전체 학생 수)−(이어달리기 연습을 하는 학생 수)

$$= \boxed{} - \boxed{} = \boxed{}$$

답 구하기 $\boxed{}$ 명

4

사과가 39개 있습니다. 잼을 만드는 데 필요한 사과는 몇 개입니까?

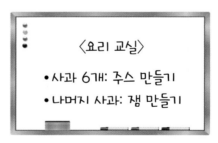

〈요리 교실〉

•사과 6개: 주스 만들기

•나머지 사과: 잼 만들기

문제 이해하기

식 세우기

답 구하기

5 계산 결과에 맞게 상자에서 수를 하나씩 골라 □ 안에 써넣으시오.

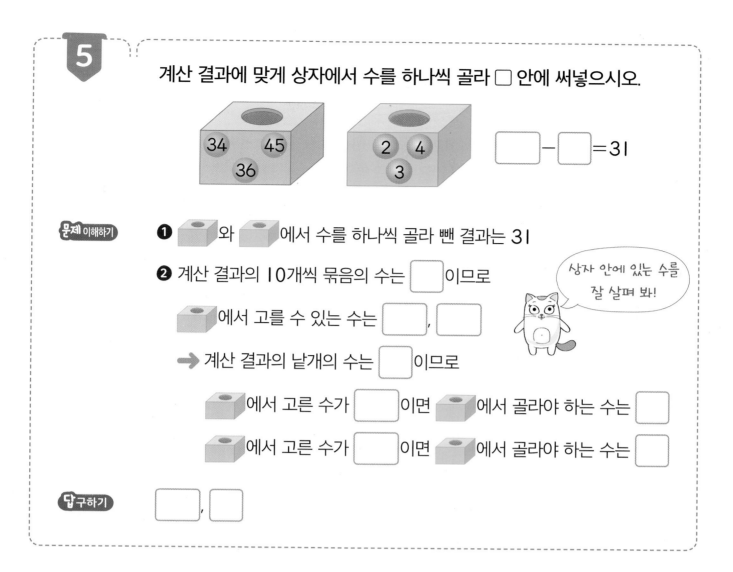

$\boxed{} - \boxed{} = 31$

문제 이해하기

❶ ⬛ 와 ⬛ 에서 수를 하나씩 골라 뺀 결과는 31

❷ 계산 결과의 10개씩 묶음의 수는 □ 이므로

ᐧ ⬛ 에서 고를 수 있는 수는 □ , □

➡ 계산 결과의 낱개의 수는 □ 이므로

ᐧ ⬛ 에서 고른 수가 □ 이면 ⬛ 에서 골라야 하는 수는 □

ᐧ ⬛ 에서 고른 수가 □ 이면 ⬛ 에서 골라야 하는 수는 □

상자 안에 있는 수를 잘 살펴 봐!

답 구하기 □ , □

---

6 계산 결과에 맞게 상자에서 수를 하나씩 골라 □ 안에 써넣으시오.

$\boxed{} - \boxed{} = 40$

문제 이해하기

답 구하기

정답 확인 오늘 나의 실력은? 부모님 확인

다람쥐의 하루

다람쥐가 도토리 29개를 사서 집으로 가고 있어요.
집으로 가는 도중 여러 친구를 만나 도토리를 주었어요.
다람쥐가 집에 도착했을 때 남은 도토리는 모두 몇 개인지 쓰세요.

교과서 덧셈과 뺄셈

받아내림이 없는 (두 자리 수)-(두 자리 수) ❶

36-24를 계산할 때에는

❶ 낱개의 수끼리 뺀 다음,

❷ 10개씩 묶음의 수끼리 뺍니다.

	3	6
−	2	4
		2

➡

	3	6
−	2	4
	1	2

실력 확인하기

뺄셈을 하시오.

1
	5	0
−	2	0

2
	2	7
−	1	5

3
	4	8
−	3	3

4
	6	1
−	4	1

5 35-12=☐

6 45-31=☐

7 77-32=☐ 뺄셈

8 68-40=☐

1 운동장에 축구공이 30개 있고, 야구공이 10개 있습니다. 축구공은 야구공보다 몇 개 더 많습니까?

문제 이해하기 축구공과 야구공을 짝 지어 보면

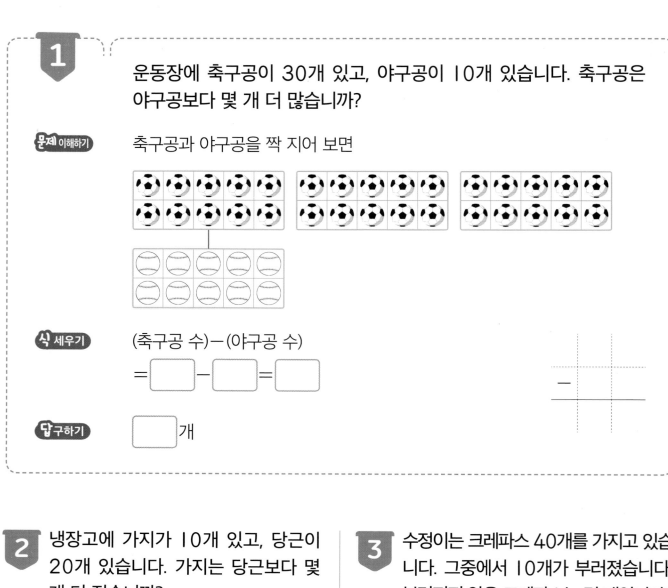

식 세우기 (축구공 수) − (야구공 수)

= □ − □ = □

답 구하기 □ 개

---

2 냉장고에 가지가 10개 있고, 당근이 20개 있습니다. 가지는 당근보다 몇 개 더 적습니까?

문제 이해하기 가지와 당근을 짝 지어 보면

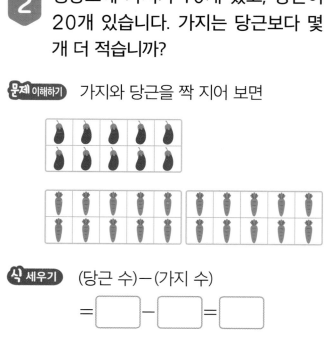

식 세우기 (당근 수) − (가지 수)

= □ − □ = □

답 구하기 □ 개

---

3 수정이는 크레파스 40개를 가지고 있습니다. 그중에서 10개가 부러졌습니다. 부러지지 않은 크레파스는 몇 개입니까?

문제 이해하기 부러진 크레파스 수만큼 /으로 지워 보면

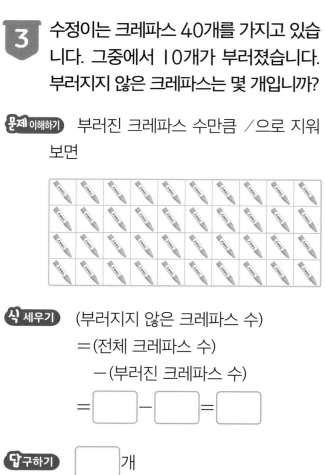

식 세우기 (부러지지 않은 크레파스 수)

= (전체 크레파스 수)

− (부러진 크레파스 수)

= □ − □ = □

답 구하기 □ 개

4

장미 65송이가 있습니다. 그중에서 34송이로 꽃다발을 만들었습니다. 남은 장미는 몇 송이입니까?

문제 이해하기 전체 장미 수 65를 모형으로 나타낼 때, 꽃다발을 만든 장미 수 34만큼 모형을 덜어 내 보면

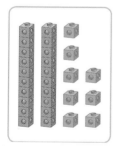

식 세우기 (남은 장미 수)＝(전체 장미 수)－(꽃다발을 만든 장미 수)

＝ ☐ － ☐ ＝ ☐

답 구하기 ☐ 송이

---

5 성호네 반 학생은 28명입니다. 그중에서 안경을 낀 학생은 11명입니다. 안경을 끼지 않은 학생은 몇 명입니까?

문제 이해하기 전체 학생 수 28을 모형으로 나타낼 때, 안경을 낀 학생 수 11만큼 모형을 덜어 내 보면

식 세우기 (안경을 끼지 않은 학생 수)

＝(전체 학생 수)－(안경을 낀 학생 수)

＝ ☐ － ☐ ＝ ☐

답 구하기 ☐ 명

---

6 생선 가게에 문어가 36마리, 오징어가 20마리 있습니다. 문어는 오징어보다 몇 마리 더 많습니까?

문제 이해하기 문어와 오징어 수만큼 모형으로 나타내 보면

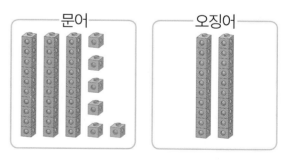

문어   오징어

식 세우기 (문어 수)－(오징어 수)

＝ ☐ － ☐ ＝ ☐

답 구하기 ☐ 마리

정답 확인 오늘 나의 실력은? 부모님 확인

재미있는 게임

게임 속 공룡은 이동할 때마다 체력이 떨어져요.
다음과 같이 이동했을 때 공룡의 체력은 몇인지 써 보세요.

↑ : −5   ↓ : −4

← : −21   → : −12

체력 99

체력 ☐

받아내림이 없는
(두 자리 수)-(두 자리 수) ②

1

두 수를 골라 차가 40이 되도록 뺄셈식을 써 보시오.

| 20 | 30 | 40 | 50 | 60 |

☐ - ☐ = 40

문제 이해하기

❶ 두 수를 골라 뺀 결과는 40 ➡ 10개씩 묶음은 ☐ 개

❷ 수 카드에 적힌 수의 10개씩 묶음은

20 ➡ ☐ 개,   30 ➡ ☐ 개,   40 ➡ ☐ 개,

50 ➡ ☐ 개,   60 ➡ ☐ 개

카드에 적힌 수는 몇십이니까
10개씩 묶음끼리의 차를 잘 봐!

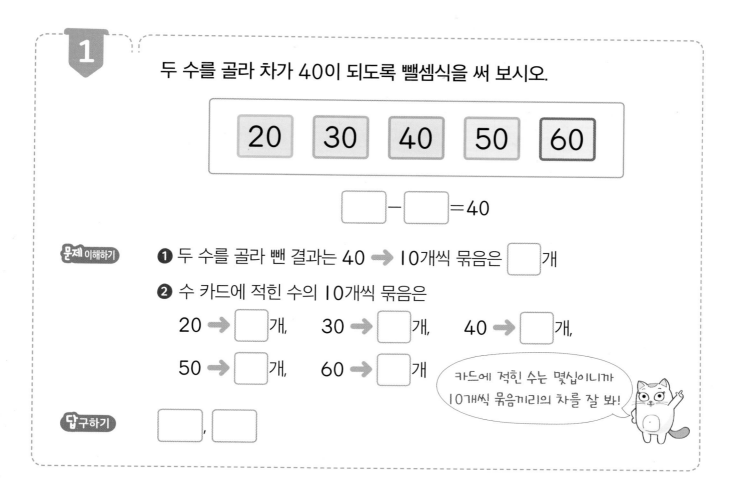

답 구하기   ☐ , ☐

2

두 수를 골라 차가 50이 되도록 뺄셈식을 써 보시오.

| 30 | 40 | 50 | 70 | 80 |

☐ - ☐ = 50

문제 이해하기

답 구하기

155

3

주머니에서 수를 하나씩 골라 뺄셈식을 써 보시오.

문제 이해하기

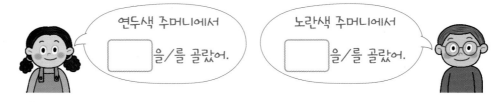

연두색 주머니에서 [ ] 을/를 골랐어.

노란색 주머니에서 [ ] 을/를 골랐어.

식 세우기

(연두색 주머니에서 고른 수) − (노란색 주머니에서 고른 수)

= [ ] − [ ] = [ ]

답 구하기

4

주머니에서 수를 하나씩 골라 뺄셈식을 써 보시오.

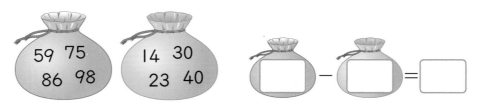

문제 이해하기

식 세우기

답 구하기

5

수 카드를 한 번씩만 사용하여 몇십몇을 만들려고 합니다. 만들 수 있는 가장 큰 수와 가장 작은 수의 차를 구하시오.

| 4 | 1 | 7 | 5 |

문제 이해하기

수 카드에 적힌 수의 크기를 비교하면 ☐ < ☐ < ☐ < ☐

❶ 가장 큰 수를 만들 때에는

10개씩 묶음의 수에 가장 큰 수인 ☐ 을 놓고,

낱개의 수에 둘째로 큰 수인 ☐ 를 놓습니다.

❷ 가장 작은 수를 만들 때에는

10개씩 묶음의 수에 가장 작은 수인 ☐ 을 놓고,

낱개의 수에 둘째로 작은 수인 ☐ 를 놓습니다.

식 세우기

(가장 큰 수)－(가장 작은 수)＝ ☐ － ☐ ＝ ☐

답 구하기

☐

6

수 카드를 한 번씩만 사용하여 몇십몇을 만들려고 합니다. 만들 수 있는 가장 큰 수와 가장 작은 수의 차를 구하시오.

| 3 | 2 | 6 | 9 |

문제 이해하기

식 세우기

답 구하기

정답 확인 | 오늘 나의 실력은? | 부모님 확인

미래의 최종 점수는?

다음은 퀴즈 프로그램에서 마지막 문제가 남았을 때의 사진이에요.
마지막 문제를 맞히면 다른 친구의 점수를 15점 뺏어 올 수 있어요.
미래가 마지막 문제를 맞혀서 우승을 했어요.
미래의 최종 점수는 몇 점이고, 누구의 점수를 뺏어 왔는지 쓰세요.

미래의 최종 점수는 [   ]점이고, [   ]의 점수를 뺏어 왔습니다.

그림을 보고 뺄셈하기

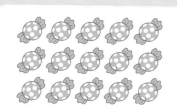 

사탕은 초콜릿보다

15−12=3(개) 더 많습니다.

실력 확인하기

그림을 보고 뺄셈식을 만들려고 합니다. □ 안에 알맞은 수를 써넣으시오.

1

18−□=□

2

16−□=□

3

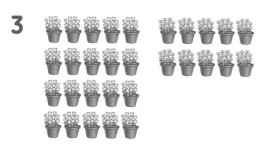

20−□=□

4

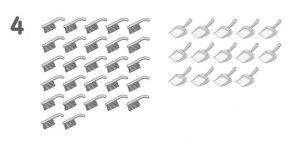

27−□=□

5

23−□=□

6

18−□=□

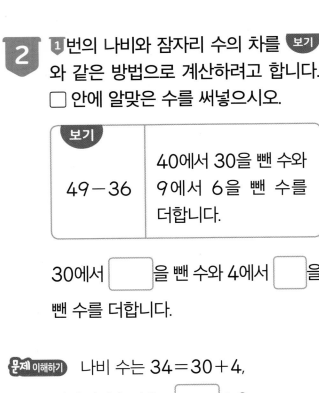

1 나비는 잠자리보다 몇 마리 더 많습니까?

문제 이해하기 나비와 잠자리 수를 각각 세어 보면

는 ☐ 마리, 는 ☐ 마리

식 세우기 (나비 수) − (잠자리 수)

= ☐ − ☐ = ☐

답 구하기 ☐ 마리

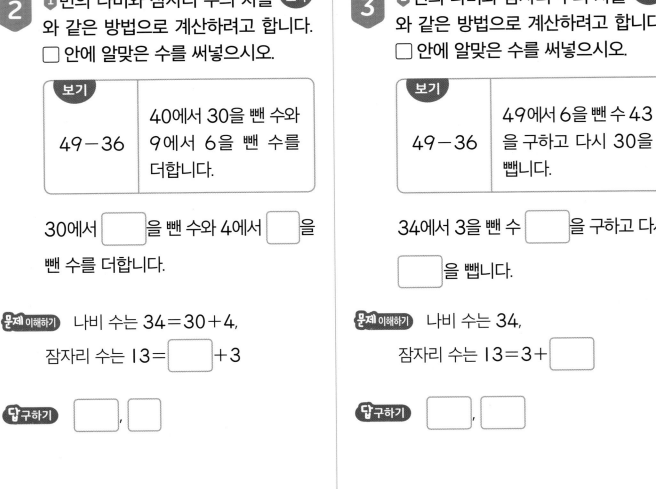

2 1번의 나비와 잠자리 수의 차를 **보기** 와 같은 방법으로 계산하려고 합니다. ☐ 안에 알맞은 수를 써넣으시오.

보기 49−36	40에서 30을 뺀 수와 9에서 6을 뺀 수를 더합니다.

30에서 ☐ 을 뺀 수와 4에서 ☐ 을 뺀 수를 더합니다.

문제 이해하기 나비 수는 34=30+4,

잠자리 수는 13= ☐ +3

답 구하기 ☐ , ☐

3 1번의 나비와 잠자리 수의 차를 **보기** 와 같은 방법으로 계산하려고 합니다. ☐ 안에 알맞은 수를 써넣으시오.

보기 49−36	49에서 6을 뺀 수 43 을 구하고 다시 30을 뺍니다.

34에서 3을 뺀 수 ☐ 을 구하고 다시

☐ 을 뺍니다.

문제 이해하기 나비 수는 34,

잠자리 수는 13=3+ ☐

답 구하기 ☐ , ☐

빨간색 장미는 노란색 장미보다 몇 송이 더 많습니까?

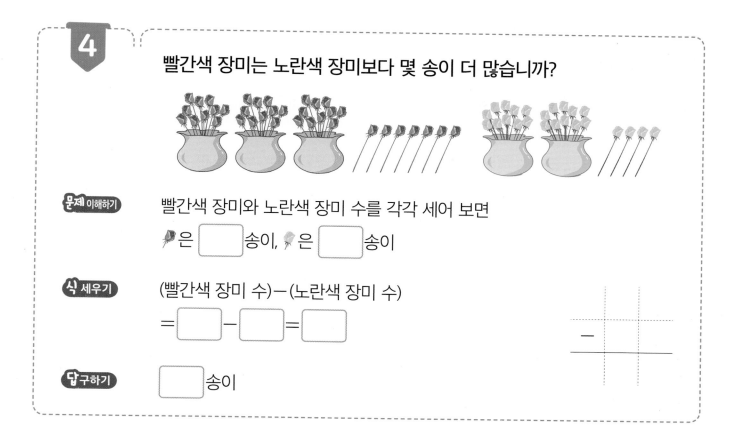

문제 이해하기 빨간색 장미와 노란색 장미 수를 각각 세어 보면

🌹은 [ ]송이, 🌹은 [ ]송이

식 세우기 (빨간색 장미 수)−(노란색 장미 수)

= [ ]−[ ]=[ ]

$$\begin{array}{c}\\ -\\ \hline \end{array}$$

답 구하기 [ ]송이

---

5 은지가 4 번에서 빨간색 장미와 노란색 장미 수의 차를 계산한 방법을 설명하려고 합니다. ☐ 안에 알맞은 수를 써넣으시오.

은지 30에서 [ ]을 뺀 수와

7에서 4를 뺀 수를 더했더니

[ ]이 됐어.

문제 이해하기 빨간색 장미 수는 37=30+7,

노란색 장미 수는 24=[ ]+4

답 구하기 [ ] , [ ]

---

6 상민이가 4 번에서 빨간색 장미와 노란색 장미 수의 차를 계산한 방법을 설명하려고 합니다. ☐ 안에 알맞은 수를 써넣으시오.

37에서 4를 뺀 수

33을 구하고 다시 [ ]을

뺐더니 [ ]이 됐어. 상민

문제 이해하기 빨간색 장미 수는 37,

노란색 장미 수는 24=4+[ ]

답 구하기 [ ] , [ ]

보석의 가격은?

동물들이 이용하는 보석 상점이에요.
그런데 오른쪽 보석의 가격표에 가격이 없네요.
동물들이 각각 낸 금액을 보고 오른쪽 보석의 가격표에 가격을 적어 주세요.

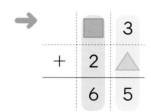

교과서 덧셈과 뺄셈

□의 값 구하기

□ 안에 알맞은 수를 구할 때에는 낱개끼리, 10개씩 묶음끼리 계산합니다.

→
```
    ■ 3
  +
    2 ▲
  ─────
    6 5
```

❶ 낱개끼리 더하면 3+▲=5, ▲=2

❷ 10개씩 묶음끼리 더하면 ■+2=6, ■=4

실력 확인하기

□ 안에 알맞은 수를 써넣으시오.

1
```
    1 2
  +   □
  ─────
    1 7
```

2
```
    3 1
  +   □
  ─────
    3 4
```

3
```
    1 □
  + □ 5
  ─────
    3 8
```

4
```
    3 □
  + □ 2
  ─────
    4 5
```

5
```
    □ 3
  + 2 □
  ─────
    6 3
```

6
```
    □ 0
  + 4 □
  ─────
    7 2
```

1

어떤 수는 몇십몇입니다. 어떤 수에 13을 더했더니 29가 되었습니다. 어떤 수는 얼마입니까?

문제 이해하기   어떤 수를 ■▲로 나타내 보면

■▲ + 13 = ☐

식 세우기   세로셈으로 나타내 보면

> 조건을 식으로 나타낸 거야.

$$\begin{array}{r} \text{■} \text{▲} \\ +\ 1\ 3 \\ \hline 2\ 9 \end{array}$$

❶ 낱개끼리 더하면 ▲ + 3 = 9, ▲ = ☐

❷ 10개씩 묶음끼리 더하면 ■ + 1 = 2, ■ = ☐

답 구하기   ☐

2

어떤 수는 몇십몇입니다. 어떤 수에 21을 더했더니 45가 되었습니다. 어떤 수는 얼마입니까?

문제 이해하기   어떤 수를 ■▲로 나타내 보면

■▲ + 21 = ☐

식 세우기   세로셈으로 나타내 보면

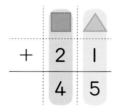

❶ 낱개끼리 더하면

▲ + 1 = 5, ▲ = ☐

❷ 10개씩 묶음끼리 더하면

■ + 2 = 4, ■ = ☐

답 구하기   ☐

3

어떤 수는 몇십몇입니다. 어떤 수에서 16을 뺐더니 20이 되었습니다. 어떤 수는 얼마입니까?

문제 이해하기   어떤 수를 ■▲로 나타내 보면

■▲ − 16 = ☐

식 세우기   세로셈으로 나타내 보면

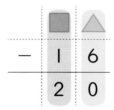

❶ 낱개끼리 빼면

▲ − 6 = 0, ▲ = ☐

❷ 10개씩 묶음끼리 빼면

■ − 1 = 2, ■ = ☐

답 구하기   ☐

4

연못에 개구리 몇 마리가 있었는데 16마리가 더 들어와서 29마리가 되었습니다. 처음 연못에 있던 개구리는 몇 마리입니까?

문제 이해하기 처음 연못에 있던 개구리 수를 ■▲로 나타내 보면

■▲＋16＝ ⬚

식 세우기 세로셈으로 나타내 보면

	■	▲
＋	1	6
	2	9

❶ 낱개끼리 더하면 ▲＋6＝9, ▲＝ ⬚

❷ 10개씩 묶음끼리 더하면 ■＋1＝2, ■＝ ⬚

답 구하기 ⬚ 마리

5

윤재네 집에 화분 몇 개가 있었는데 아버지께서 화분 15개를 더 사 오셔서 36개가 되었습니다. 처음 윤재네 집에 있던 화분은 몇 개입니까?

문제 이해하기 처음에 있던 화분 수를 ■▲로 나타내 보면

■▲＋15＝ ⬚

식 세우기 세로셈으로 나타내 보면

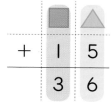

	■	▲
＋	1	5
	3	6

❶ 낱개끼리 더하면

▲＋5＝6, ▲＝ ⬚

❷ 10개씩 묶음끼리 더하면

■＋1＝3, ■＝ ⬚

답 구하기 ⬚ 개

6

바구니에 귤이 39개 있었는데 그중에서 몇 개를 먹었더니 23개가 남았습니다. 먹은 귤은 몇 개입니까?

문제 이해하기 먹은 귤 수를 ■▲로 나타내 보면

39－■▲＝ ⬚

식 세우기 세로셈으로 나타내 보면

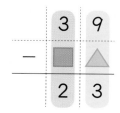

	3	9
－	■	▲
	2	3

❶ 낱개끼리 빼면

9－▲＝3, ▲＝ ⬚

❷ 10개씩 묶음끼리 빼면

3－■＝2, ■＝ ⬚

답 구하기 ⬚ 개

버스 요금은 얼마?

코끼리와 호랑이, 기린이 공원에 가려고 함께 버스에 탔어요.
공원에 도착한 동물 친구들이 버스에서 내리려고 카드를 찍고 있네요.
기린의 버스 카드에 남은 돈은 얼마인지 쓰세요.

166

교과서 덧셈과 뺄셈

계산 결과의 크기 비교

13+21과 56−21은

❶ 각 자리에 맞추어 식을 계산한 다음,

❷ 계산 결과의 크기를 비교합니다.

	1	3
+	2	1
	3	4

$<$

	5	6
−	2	1
	3	5

실력 확인하기

계산 결과의 크기를 비교하여 ○ 안에 >, <를 알맞게 써넣으시오.

1

	1	2
+		3

○

	2	6
+		2

2

	2	5
+	3	3

○

	1	1
+	4	8

3

	2	5
−		3

○

	1	8
−		7

4

	5	8
−	3	4

○

	6	9
−	2	3

5 24+3 ○ 18+10

6 15+32 ○ 20+16

7 35−22 ○ 28−8

8 50−20 ○ 45−22

1

효준이와 지수 중 누가 구슬을 더 적게 가지고 있는지 써 보시오.

 내가 가지고 있는 구슬은 52개야. 효준

 내가 가지고 있는 구슬은 32개보다 14개 더 많아. 지수

문제 이해하기 지수가 가지고 있는 구슬 수를 구한 다음, 효준이가 가지고 있는 구슬 수 ☐ 와 비교합니다.

식 세우기 (지수가 가지고 있는 구슬 수)=32+(더 많은 구슬 수)

=32+☐=☐

답 구하기 ☐

2

준성이와 예지 중 누구네 반 학생 수가 더 많은지 써 보시오.

 우리 반은 남학생이 15명, 여학생이 12명이야. 준성

우리 반은 30명이야. 예지

문제 이해하기 준성이네 반 학생 수를 구한 다음, 예지네 반 학생 수 ☐ 과 비교합니다.

식 세우기 (준성이네 반 학생 수)

=(남학생 수)+(여학생 수)

=☐+☐=☐

답 구하기 ☐

3

은주와 지혜 중 누가 색종이를 더 많이 가지고 있는지 써 보시오.

 나는 작은 색종이 23장, 큰 색종이 26장을 가지고 있어. 은주

 나는 색종이가 31장보다 16장 더 많아. 지혜

문제 이해하기 은주와 지혜가 가지고 있는 색종이 수를 구한 다음, 계산 결과를 비교합니다.

식 세우기
• (은주의 색종이 수)

=(작은 색종이 수)+(큰 색종이 수)

=☐+☐=☐

• (지혜의 색종이 수)

=31+(더 많은 색종이 수)

=31+☐=☐

답 구하기 ☐

4

0부터 9까지의 수 중에서 □ 안에 들어갈 수 있는 수는 모두 몇 개입니까?

$$41+36<7\square$$

문제 이해하기

41＋36＝[ ]이므로

[ ]＜7□

➡ □＝[ ] , [ ]

답 구하기 [ ]개

□ 안에 0, 1, 2, ……를 하나씩 넣어서 수의 크기를 비교해 봐.

---

5 0부터 9까지의 수 중에서 □ 안에 들어갈 수 있는 수는 모두 몇 개입니까?

$$86-3>8\square$$

문제 이해하기 86－3＝[ ]이므로

[ ]＞8□

➡ □＝[ ] , [ ] , [ ]

답 구하기 [ ]개

---

6 0부터 9까지의 수 중에서 □ 안에 들어갈 수 있는 가장 큰 수는 무엇입니까?

$$38-1\square>25$$

문제 이해하기 38－1□에서

□＝0이면 38－10＝[ ]

□＝1이면 38－11＝[ ]

□＝2이면 38－12＝[ ]

□＝3이면 38－13＝[ ]

답 구하기 [ ]

보드 게임에서 이긴 사람은?

장난감 돈을 미래는 85원, 대한이는 55원 가지고 있어요. 주사위를 던져 나온 눈의 수만큼 이동하여 각 칸에 적힌 돈을 내거나 받으려고 해요.
다음과 같이 주사위 눈이 나왔을 때, 두 친구에게 남을 돈을 쓰고 돈이 더 많이 남아 있을 친구에게 ◯표 하세요.

170

01 태호 할머니의 연세는 65세이고 할아버지는 할머니보다 2세 더 많습니다. 태호 할아버지의 연세는 몇 세입니까?

02 민아는 줄넘기를 어제는 39번 넘었고, 오늘은 어제보다 14번 더 적게 넘었습니다. 민아가 오늘 넘은 줄넘기는 몇 번입니까?

03 덧셈식과 뺄셈식의 계산 결과가 나타내는 글자를 보기에서 찾아 ◯ 안에 써넣으시오.

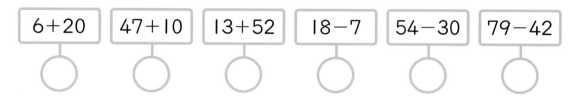

43	26	57	48	11	37	65	24
어	나	는	국	학	재	수	천

6+20	47+10	13+52	18−7	54−30	79−42
◯	◯	◯	◯	◯	◯

04 합이 가운데 수가 되는 두 수에 ◯표 하시오.

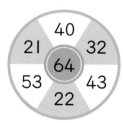

05 4장의 수 카드 중에서 2장을 골라 두 수의 차를 구하려고 합니다. 차가 가장 큰 뺄셈식을 만들어 보시오.

| 2 | 76 | 5 | 43 |

☐ - ☐ = ☐

06 벌이 43마리, 나비가 25마리 있습니다. 벌과 나비가 모두 몇 마리인지 여러 가지 방법으로 구하려고 합니다. ☐ 안에 알맞은 수를 써넣으시오.

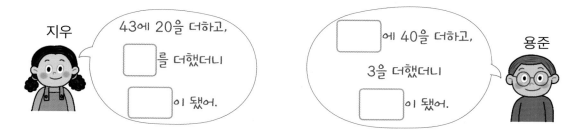

지우: 43에 20을 더하고, ☐를 더했더니 ☐이 됐어.

용준: ☐에 40을 더하고, 3을 더했더니 ☐이 됐어.

07 그림을 보고 뺄셈식을 써 보시오.

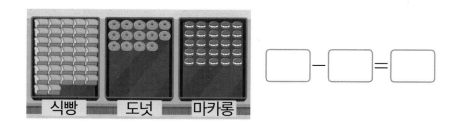

식빵   도넛   마카롱

☐ - ☐ = ☐

08 같은 그림은 같은 수를 나타냅니다. 그림이 나타내는 수를 구하시오.

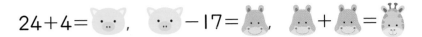

$24+4=$, $-17=$, $+$ $=$ 🦒

09 ㉠2와 3㉡은 몇십몇인 수입니다. 두 수의 합이 85일 때 ㉠과 ㉡에 알맞은 수를 각각 구하시오.

㉠2   3㉡

10 1부터 9까지의 수 중에서 □ 안에 들어갈 수 있는 수는 모두 몇 개입니까?

$21+42<78-1$□

MEMO

MEMO

하루 한장 쏙셈 + 붙임딱지

하루의 학습이 끝날 때마다 붙임딱지를 붙여 바닷속 물고기를 꾸며 보아요!

문장제 해결력 강화

문제 해결의 길잡이

문해길 시리즈는

문장제 해결력을 키우는 상위권 수학 학습서입니다.

문해길은 8가지 문제 해결 전략을 익히며

수학 사고력을 향상하고,

수학적 성취감을 맛보게 합니다.

이런 성취감을 맛본 아이는

수학에 자신감을 갖습니다.

수학의 자신감, 문해길로 이루세요.

문해길 원리를 공부하고, 문해길 심화에 도전해 보세요!
원리로 닦은 실력이 심화에서 빛이 납니다.

문해길 원리
문장제 해결력 강화
1~6학년 학기별 [총12책]

문해길 심화
고난도 유형 해결력 완성
1~6학년 학년별 [총6책]

미래엔 초등 도서 목록

초등 교과서 발행사 미래엔의 교재로 초등 시기에 길러야 하는 공부력을 강화해 주세요.

##

초등 공부의 핵심[CORE]를 탄탄하게 해 주는
슬림 & 심플한 교과 필수 학습서
[8책] 국어 3~6학년 학기별, [12책] 수학 1~6학년 학기별
[8책] 사회 3~6학년 학기별, [8책] 과학 3~6학년 학기별

초코 전과목 단원평가

빠르게 단원 핵심을 정리하고, 수준별 문제로 실전력을 키우는
교과 평가 대비 학습서
[8책] 3~6학년 학기별

문제 해결의 길잡이

원리 8가지 문제 해결 전략으로 문장제와 서술형 문제 정복
[12책] 1~6학년 학기별

심화 문장제 유형 정복으로 초등 수학 최고 수준에 도전
[6책] 1~6학년 학년별

##

초등 필수 어휘를 퍼즐로 재미있게 키우는 학습서
[3책] 사자성어, 속담, 맞춤법

하루한장 예비 초등

한글완성
초등학교 입학 전 한글 읽기·쓰기 동시에 끝내기
[3책] 기본 자모음, 받침, 복잡한 자모음

예비초등
기본 학습 능력을 향상하며 초등학교 입학을 준비하기
[4책] 국어, 수학, 통합교과, 학교생활

하루한장 독해

독해 시작편
초등학교 입학 전 기본 문해력 익히기 30일 완성
[2책] 문장으로 시작하기, 짧은 글 독해하기

어휘
문해력의 기초를 다지는 초등 필수 어휘 학습서
[6책] 1~6단계

독해
국어 교과서와 연계하여 문해력의 기초를 다지는 독해 기본서
[6책] 1~6단계

독해➕플러스
본격적인 독해 훈련으로 문해력을 향상시키는 독해 실전서
[6책] 1~6단계

비문학 독해 (사회편·과학편)
비문학 독해로 배경지식을 확장하고 문해력을 완성시키는
독해 심화서
[사회편 6책, 과학편 6책] 1~6단계

바른답·알찬풀이

2 권 | 초등 수학 1-2

Mirae N 에듀

바른답·알찬풀이로
문제를 이해하고 식을 세우는 과정을 확인하여
문제 해결력과 연산 응용력을 높여요!

1주/1일

교과서 100까지의 수

100까지의 수 ❶

월 일

10개씩 묶음 ■개와 낱개 ▲개는 ■▲입니다.

➡ 10개씩 묶음 8개와 낱개 2개는 82라 쓰고, 팔십이 또는 여든둘이라고 읽습니다.

실력 확인하기

빈칸에 알맞은 수를 써넣으시오.

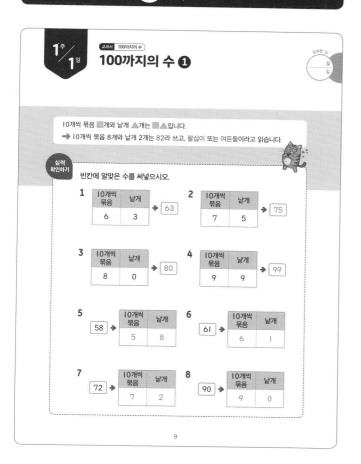

1
10개씩 묶음	낱개
6	3
➡ 63

2
10개씩 묶음	낱개
7	5
➡ 75

3
10개씩 묶음	낱개
8	0
➡ 80

4
10개씩 묶음	낱개
9	9
➡ 99

5 58 ➡
10개씩 묶음	낱개
5	8

6 61 ➡
10개씩 묶음	낱개
6	1

7 72 ➡
10개씩 묶음	낱개
7	2

8 90 ➡
10개씩 묶음	낱개
9	0

9

---

1 사과가 한 상자에 10개씩 들어 있습니다. 6상자에 들어 있는 사과는 모두 몇 개입니까?

문제 이해하기 사과 수를 10개씩 묶음과 낱개의 수로 나타내 보면

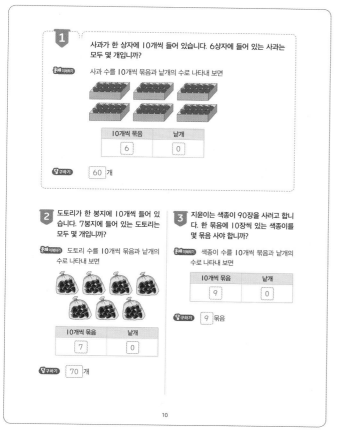

10개씩 묶음	낱개
6	0

구하기 60 개

2 도토리가 한 봉지에 10개씩 들어 있습니다. 7봉지에 들어 있는 도토리는 모두 몇 개입니까?

문제 이해하기 도토리 수를 10개씩 묶음과 낱개의 수로 나타내 보면

10개씩 묶음	낱개
7	0

구하기 70 개

3 지윤이는 색종이 90장을 사려고 합니다. 한 묶음에 10장씩 있는 색종이를 몇 묶음 사야 합니까?

문제 이해하기 색종이 수를 10개씩 묶음과 낱개의 수로 나타내 보면

10개씩 묶음	낱개
9	0

구하기 9 묶음

10

---

4 장미가 10송이씩 7묶음과 낱개 6송이가 있습니다. 장미는 모두 몇 송이입니까?

문제 이해하기 장미 수를 10개씩 묶음과 낱개의 수로 나타내 보면

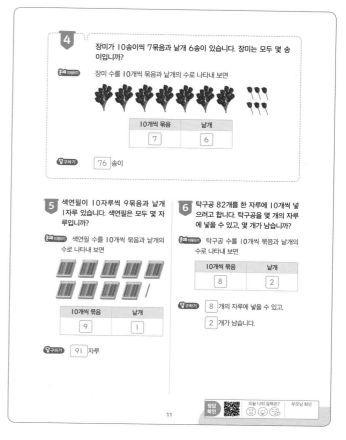

10개씩 묶음	낱개
7	6

구하기 76 송이

5 색연필이 10자루씩 9묶음과 낱개 1자루 있습니다. 색연필은 모두 몇 자루입니까?

문제 이해하기 색연필 수를 10개씩 묶음과 낱개의 수로 나타내 보면

10개씩 묶음	낱개
9	1

구하기 91 자루

6 탁구공 82개를 한 자루에 10개씩 넣으려고 합니다. 탁구공을 몇 개의 자루에 넣을 수 있고, 몇 개가 남습니까?

문제 이해하기 탁구공 수를 10개씩 묶음과 낱개의 수로 나타내 보면

10개씩 묶음	낱개
8	2

구하기 8 개의 자루에 넣을 수 있고,

2 개가 남습니다.

정답 확인   오늘 나의 실력은?   부모님 확인

11

재미있는 수학 놀이터

재미있는 가게 놀이

친구들이 가게 놀이를 하고 있어요.
누리가 가게 주인을 하고 미래랑 대한이가 손님을 하기로 했어요.
미래랑 대한이가 내야 하는 돈만큼 지갑 속의 돈을 색칠해 보세요.

· 햄버거: 85원
· 감자 튀김: 65원
· 음료수: 70원

누리

햄버거 하나 주세요.

음료수 하나 주세요.

미래   대한

〈햄버거: 85원〉

10개씩 묶음	낱개
8	5

〈음료수: 70원〉

10개씩 묶음	낱개
7	0

12

1

1주 2일

교과서 100까지의 수

100까지의 수 ❷

공부한 날
월 일

1 초록색 공을 보기와 같은 상자에 담으려고 합니다. 초록색 공을 모두 담으려면 상자는 몇 개 필요합니까?

보기

문제 이해하기
❶ 보기 와 같은 상자 한 개에 담을 수 있는 공은 [10] 개
❷ 공을 10개씩 묶어 보면

답구하기 [8] 개

2 초콜릿을 보기와 같은 상자에 담으려고 합니다. 초콜릿을 모두 담으려면 상자는 몇 개 필요합니까?

보기

문제 이해하기
❶ 보기 와 같은 상자 한 개에 담을 수 있는 초콜릿은 10개
❷ 초콜릿을 10개씩 묶어 보면

답구하기 9개

13

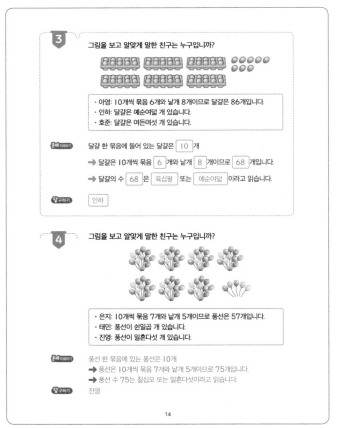

3 그림을 보고 알맞게 말한 친구는 누구입니까?

· 아영: 10개씩 묶음 6개와 낱개 8개이므로 달걀은 86개입니다.
· 인하: 달걀은 예순여덟 개 있습니다.
· 호준: 달걀은 여든여섯 개 있습니다.

문제 이해하기 달걀 한 묶음에 들어 있는 달걀은 [10] 개
➡ 달걀은 10개씩 묶음 [6] 개와 낱개 [8] 개이므로 [68] 개입니다.
➡ 달걀의 수 [68] 은 [육십팔] 또는 [예순여덟] 이라고 읽습니다.

답구하기 [인하]

4 그림을 보고 알맞게 말한 친구는 누구입니까?

· 은지: 10개씩 묶음 7개와 낱개 5개이므로 풍선은 57개입니다.
· 태민: 풍선이 쉰일곱 개 있습니다.
· 진영: 풍선이 일흔다섯 개 있습니다.

문제 이해하기 풍선 한 묶음에 있는 풍선은 10개
➡ 풍선은 10개씩 묶음 7개와 낱개 5개이므로 75개입니다.
➡ 풍선 수 75는 칠십오 또는 일흔다섯이라고 읽습니다.

답구하기 진영

14

5 초가 10개씩 5상자와 낱개 14개 있습니다. 초는 모두 몇 개입니까?

문제 이해하기
❶ 초 낱개 14개를 10개씩 묶어 보면
➡ 10개씩 묶음 [1] 개와 낱개 [4] 개
❷ 초 10개씩 5상자와 낱개 14개
➡ 초 10개씩 [6] 상자와 낱개 [4] 개

답구하기 [64] 개

6 복숭아가 10개씩 8상자와 낱개 12개 있습니다. 복숭아는 모두 몇 개입니까?

문제 이해하기
❶ 복숭아 낱개 12개를 10개씩 묶어 보면
➡ 10개씩 묶음 1개와 낱개 2개
❷ 복숭아 10개씩 8상자와 낱개 12개
➡ 복숭아 10개씩 9상자와 낱개 2개

답구하기 92개

정답 확인 오늘 나의 실력은? 부모님 확인

15

게임있는 수학 놀이터

바나나 줍기

세 원숭이는 각자 길을 가다가 바나나가 있으면 바구니에 담으려고 해요. 원숭이가 가려는 길을 선으로 잇고, 원숭이가 담은 바나나 개수를 바구니에 써 주세요.

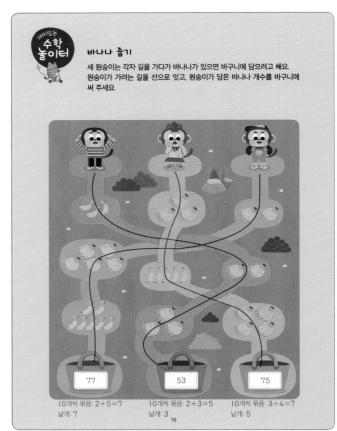

77

53

75

10개씩 묶음: 2+5=7
낱개: 7

10개씩 묶음: 2+3=5
낱개: 3

10개씩 묶음: 3+4=7
낱개: 5

16

2

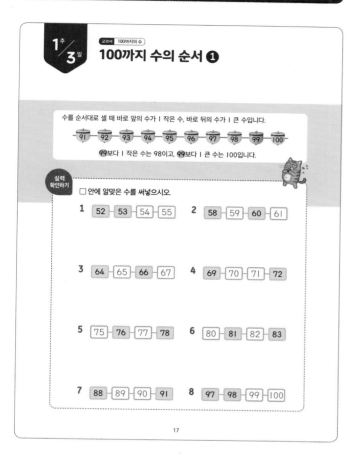

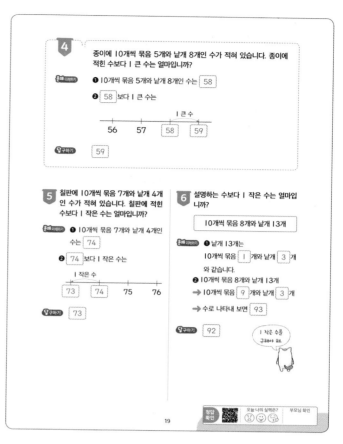

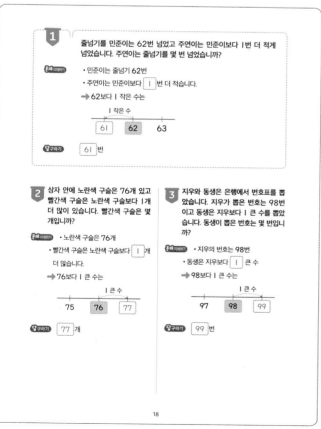

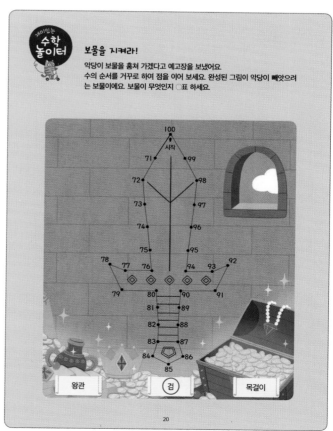

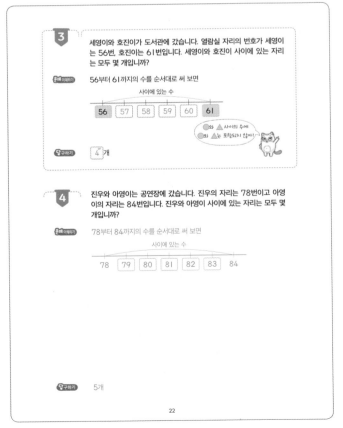

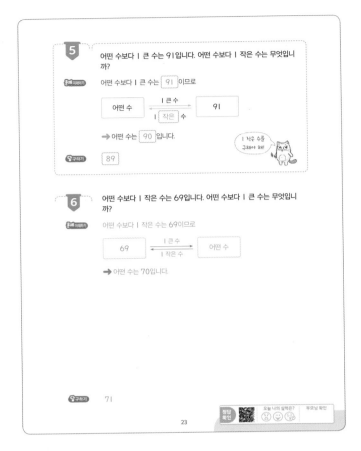

1주 5일 수의 크기 비교 ❶

교과서 100까지의 수

공부한 날
월 일

❶ 10개씩 묶음의 수가 다를 때에는 10개씩 묶음의 수가 클수록 큰 수입니다.
→ 57과 61의 크기를 비교해 보면 ⌈ 61>57
⌊ 57<61

❷ 10개씩 묶음의 수가 같을 때에는 낱개의 수가 클수록 큰 수입니다.
→ 82와 85의 크기를 비교해 보면 ⌈ 85>82
⌊ 82<85

실력 확인하기

○ 안에 >, <를 알맞게 써넣으시오.

1 53 < 68

2 67 < 74

3 70 > 63

4 85 < 91

5 56 > 51

6 62 < 69

7 87 > 84

8 98 > 90

25

---

1 수족관에 열대어는 74마리 있고, 금붕어는 59마리 있습니다. 열대어와 금붕어 중 어느 것이 더 많습니까?

문제 이해하기 열대어와 금붕어 수의 10개씩 묶음을 나타내 보면

물고기	수	10개씩 묶음
열대어	74	7
금붕어	59	5

→ 10개씩 묶음의 수를 비교해 보면 7 > 5

구하기 열대어

2 동화책을 태호는 88쪽, 예주는 92쪽 읽었습니다. 동화책을 더 많이 읽은 사람은 누구입니까?

문제 이해하기 태호와 예주가 읽은 쪽의 10개씩 묶음을 나타내 보면

이름	읽은 쪽수	10개씩 묶음
태호	88	8
예주	92	9

→ 10개씩 묶음의 수를 비교해 보면
8 < 9

구하기 예주

3 빨간색 풍선이 65개, 파란색 풍선이 아흔 개 있습니다. 무슨 색 풍선이 더 적게 있습니까?

문제 이해하기 ❶ 아흔을 수로 나타내 보면 90

❷ 빨간색 풍선과 파란색 풍선 수의 10개씩 묶음을 나타내 보면

풍선	수	10개씩 묶음
빨간색 풍선	65	6
파란색 풍선	90	9

→ 10개씩 묶음의 수를 비교해 보면 6 < 9

구하기 빨간색 풍선

26

---

4 은서 할머니의 연세는 73세이고 정우 할머니의 연세는 75세입니다. 두 할머니 중 어느 할머니의 연세가 더 적습니까?

문제 이해하기 은서 할머니와 정우 할머니 연세를 10개씩 묶음과 낱개의 수로 나타내 보면

할머니	연세	10개씩 묶음	낱개
은서 할머니	73세	7	3
정우 할머니	75세	7	5

→ 10개씩 묶음의 수가 같으므로
낱개의 수를 비교해 보면 3 < 5

구하기 은서 할머니

5 문구점 진열장에 국어 공책은 59권, 수학 공책은 52권 꽂혀 있습니다. 진열장에 더 적게 꽂혀 있는 공책은 무엇입니까?

문제 이해하기 국어 공책과 수학 공책 수를 10개씩 묶음과 낱개의 수로 나타내 보면

공책	수	10개씩 묶음	낱개
국어 공책	59	5	9
수학 공책	52	5	2

→ 10개씩 묶음의 수가 같으므로
낱개의 수를 비교해 보면 9 > 2

구하기 수학 공책

6 감자를 가영이는 10개씩 묶음 8개와 낱개 4개, 현미는 86개 캤습니다. 감자를 더 많이 캔 사람은 누구입니까?

문제 이해하기 ❶ 10개씩 묶음 8개와 낱개 4개인 수는 84

❷ 가영이와 현미가 캔 감자 수를 10개씩 묶음과 낱개의 수로 나타내 보면

이름	감자 수	10개씩 묶음	낱개
가영	84	8	4
현미	86	8	6

→ 10개씩 묶음의 수가 같으므로
낱개의 수를 비교해 보면 4 < 6

구하기 현미

정답 확인
오늘 나의 실력은? 부모님 확인

27

재미있는 수학 놀이터

멀리뛰기 시합

친구끼리 멀리뛰기 시합을 했어요
다음 기록을 보고 3등인 친구에게 ○표 하세요.

멀리뛰기 기록

하율: 100 cm   나연: 81 cm
지아: 87 cm   민아: 97 cm

100>97>87>81

28

2주/1일 수의 크기 비교 ❷

교과서 100까지의 수

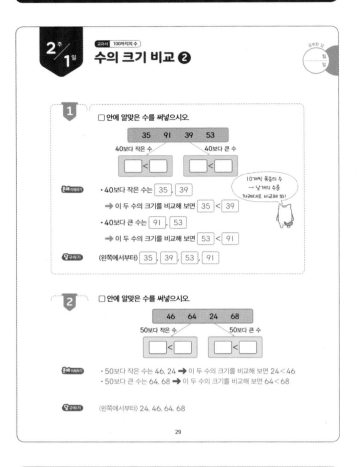

1 □ 안에 알맞은 수를 써넣으시오.

| 35 | 91 | 39 | 53 |

40보다 작은 수   40보다 큰 수

□ < □   □ < □

(문제 이해하기)

· 40보다 작은 수는 35, 39
→ 이 두 수의 크기를 비교해 보면 35 < 39

· 40보다 큰 수는 91, 53
→ 이 두 수의 크기를 비교해 보면 53 < 91

10개씩 묶음의 수를
→ 낱개의 수를
차례대로 비교해 봐!

(구하기) (왼쪽에서부터) 35, 39, 53, 91

2 □ 안에 알맞은 수를 써넣으시오.

| 46 | 64 | 24 | 68 |

50보다 작은 수   50보다 큰 수

□ < □   □ < □

(문제 이해하기)
· 50보다 작은 수는 46, 24 ➡ 이 두 수의 크기를 비교해 보면 24 < 46
· 50보다 큰 수는 64, 68 ➡ 이 두 수의 크기를 비교해 보면 64 < 68

(구하기) (왼쪽에서부터) 24, 46, 64, 68

29

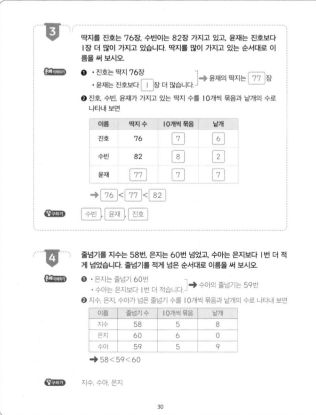

3 딱지를 진호는 76장, 수빈이는 82장 가지고 있고, 윤재는 진호보다 1장 더 많이 가지고 있습니다. 딱지를 많이 가지고 있는 순서대로 이름을 써 보시오.

(문제 이해하기)
❶ · 진호는 딱지 76장
· 윤재는 진호보다 1장 더 많습니다. → 윤재의 딱지는 77장

❷ 진호, 수빈, 윤재가 가지고 있는 딱지 수를 10개씩 묶음과 낱개의 수로 나타내 보면

이름	딱지 수	10개씩 묶음	낱개
진호	76	7	6
수빈	82	8	2
윤재	77	7	7

→ 76 < 77 < 82

(구하기) 수빈, 윤재, 진호

4 줄넘기를 지수는 58번, 은지는 60번 넘었고, 수아는 은지보다 1번 더 적게 넘었습니다. 줄넘기를 적게 넘은 순서대로 이름을 써 보시오.

(문제 이해하기)
❶ · 은지는 줄넘기 60번
· 수아는 은지보다 1번 더 적습니다. → 수아의 줄넘기는 59번

❷ 지수, 은지, 수아가 넘은 줄넘기 수를 10개씩 묶음과 낱개의 수로 나타내 보면

이름	줄넘기 수	10개씩 묶음	낱개
지수	58	5	8
은지	60	6	0
수아	59	5	9

→ 58 < 59 < 60

(구하기) 지수, 수아, 은지

30

5 3장의 수 카드 중에서 2장을 골라 한 번씩만 사용하여 몇십몇을 만들려고 합니다. 만들 수 있는 가장 큰 수를 구하시오.

| 5 | 7 | 1 |

(문제 이해하기)
❶ 수 카드에 적힌 수를 큰 수부터 순서대로 써 보면
7, 5, 1

❷ 가장 큰 수를 만들려면
10개씩 묶음의 수에 가장 큰 수인 7을 놓고,
낱개의 수에 둘째로 큰 수인 5를 놓습니다.

(구하기) 75

6 3장의 수 카드 중에서 2장을 뽑아 한 번씩만 사용하여 몇십몇을 만들려고 합니다. 만들 수 있는 가장 작은 수를 구하시오.

| 6 | 5 | 9 |

(문제 이해하기)
❶ 수 카드에 적힌 수를 작은 수부터 순서대로 써 보면
5, 6, 9

❷ 가장 작은 수를 만들려면
10개씩 묶음의 수에 가장 작은 수인 5를 놓고,
낱개의 수에 둘째로 작은 수인 6을 놓습니다.

(구하기) 56

31

재미있는 수학 놀이터 재미있는 숫자 놀이

공에 적힌 수를 한 번씩만 사용하여 몇십몇을 만들고 있어요.
이번에는 가장 큰 수를 만든 친구의 소원을 들어주기로 했어요.
친구들은 만들 수 있는 가장 큰 수를 만들었어요.
소원을 말할 수 있는 친구에게 ○표 해 보세요.

소희: 85
미래: 87
승재: 76

76 < 85 < 87

32

2/2 짝수와 홀수
교과서 100까지의 수

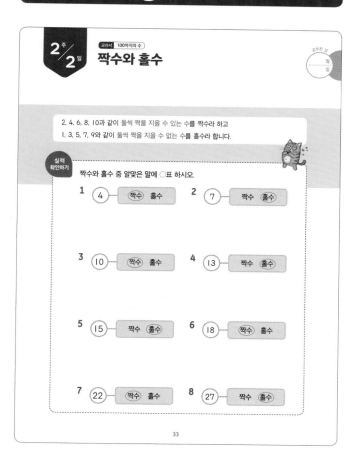

> 2, 4, 6, 8, 10과 같이 둘씩 짝을 지을 수 있는 수를 짝수라 하고
> 1, 3, 5, 7, 9와 같이 둘씩 짝을 지을 수 없는 수를 홀수라 합니다.

실력 확인하기

짝수와 홀수 중 알맞은 말에 ○표 하시오.

1 (4) 짝수 홀수
2 (7) 짝수 홀수
3 (10) 짝수 홀수
4 (13) 짝수 홀수
5 (15) 짝수 홀수
6 (18) 짝수 홀수
7 (22) 짝수 홀수
8 (27) 짝수 홀수

33

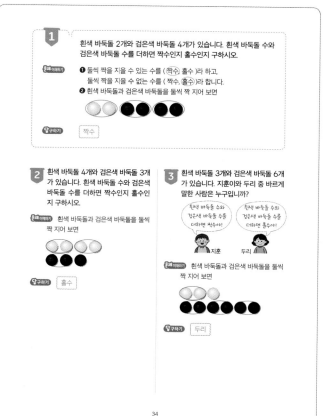

1 흰색 바둑돌 2개와 검은색 바둑돌 4개가 있습니다. 흰색 바둑돌 수와 검은색 바둑돌 수를 더하면 짝수인지 홀수인지 구하시오.

문제 이해하기
❶ 둘씩 짝을 지을 수 있는 수를 (짝수, 홀수)라 하고,
둘씩 짝을 지을 수 없는 수를 (짝수, 홀수)라 합니다.
❷ 흰색 바둑돌과 검은색 바둑돌을 둘씩 짝 지어 보면

구하기 짝수

2 흰색 바둑돌 4개와 검은색 바둑돌 3개가 있습니다. 흰색 바둑돌 수와 검은색 바둑돌 수를 더하면 짝수인지 홀수인지 구하시오.

문제 이해하기 흰색 바둑돌과 검은색 바둑돌을 둘씩 짝 지어 보면

구하기 홀수

3 흰색 바둑돌 3개와 검은색 바둑돌 6개가 있습니다. 지훈이와 두리 중 바르게 말한 사람은 누구입니까?

지훈: 흰색 바둑돌 수와 검은색 바둑돌 수를 더하면 짝수야!
두리: 흰색 바둑돌 수와 검은색 바둑돌 수를 더하면 홀수야!

문제 이해하기 흰색 바둑돌과 검은색 바둑돌을 둘씩 짝 지어 보면

구하기 두리

34

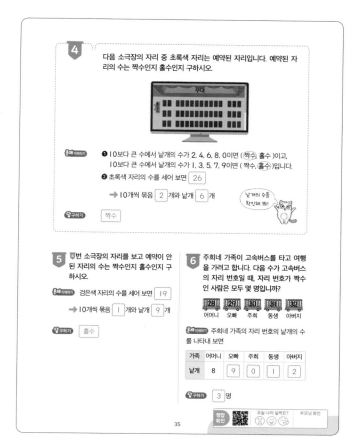

4 다음 소극장의 자리 중 초록색 자리는 예약된 자리입니다. 예약된 자리의 수는 짝수인지 홀수인지 구하시오.

무대

문제 이해하기
❶ 10보다 큰 수에서 낱개의 수가 2, 4, 6, 8, 0이면 (짝수, 홀수)이고,
10보다 큰 수에서 낱개의 수가 1, 3, 5, 7, 9이면 (짝수, 홀수)입니다.
❷ 초록색 자리의 수를 세어 보면 26
→ 10개씩 묶음 2 개와 낱개 6 개

낱개의 수를 확인해 봐!

구하기 짝수

5 4번 소극장의 자리를 보고 예약이 안 된 자리의 수는 짝수인지 홀수인지 구하시오.

문제 이해하기 검은색 자리의 수를 세어 보면 19
→ 10개씩 묶음 1 개와 낱개 9 개

구하기 홀수

6 주희네 가족이 고속버스를 타고 여행을 가려고 합니다. 다음 수가 고속버스의 자리 번호일 때, 자리 번호가 짝수인 사람은 모두 몇 명입니까?

128 129 130 131 132
어머니 오빠 주희 동생 아버지

문제 이해하기 주희네 가족의 자리 번호의 낱개의 수를 나타내 보면

가족	어머니	오빠	주희	동생	아버지
낱개	8	9	0	1	2

구하기 3 명

오늘 나의 실력은? 부모님 확인 정답확인

35

재미있는 수학 놀이터 — 팀 나누기

운동회에서 이어달리기를 하기 위해 선수를 뽑으려고 해요.
다음 기준으로 선수를 뽑는다고 할 때, A조에 속하는 친구는 ○표, B조에 속하는 친구는 △표 해 주세요.

1. A조: 육십삼과 육십칠 사이의 수 중에서 짝수만
2. B조: 칠십칠과 팔십이 사이의 수 중에서 홀수만

1. A조: 63과 67 사이의 수는 64, 65, 66 → 이 중에서 짝수는 64, 66
2. B조: 77과 82 사이의 수는 78, 79, 80, 81 → 이 중에서 홀수는 79, 81

36

2주 3일 단원 마무리

교과서 100까지의 수

공부한 날
월 일

---

01 오늘은 지혜 할머니의 생신입니다. 케이크의 긴 초는 10살, 짧은 초는 1살을 나타냅니다. 할머니의 연세는 몇 세입니까?

문제 이해하기 초 수를 10개씩 묶음과 낱개의 수로 나타내 보면

10개씩 묶음	낱개
8	1

답구하기 81세

---

02 알맞은 곳을 찾아 이어 보시오.

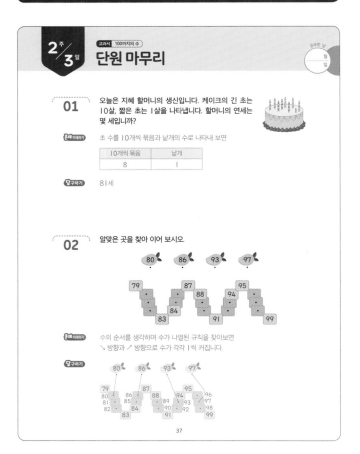

문제 이해하기 수의 순서를 생각하며 수가 나열된 규칙을 찾아보면
↘ 방향과 ↗ 방향으로 수가 각각 1씩 커집니다.

답구하기

37

단원 마무리

03 종이컵 78개를 한 봉지에 10개씩 담아 팔려고 합니다. 봉지에 담아 팔 수 있는 종이컵은 몇 봉지입니까?

문제 이해하기 종이컵 수를 10개씩 묶음과 낱개의 수로 나타내 보면

10개씩 묶음	낱개
7	8

답구하기 7봉지

04 학생은 모두 몇 명인지 구하고 어떻게 세었는지 설명해 보시오.

문제 이해하기 문제의 그림에서 학생을 10명씩 묶어 보면
10개씩 묶음 6개와 낱개 4개

답구하기 학생들을 10명씩 묶어 세면 10, 20, 30, ……, 60이고, 60부터 1씩 이어 세면 61, 62, 63, 64이므로 64명입니다.

05 다음은 야구장에 간 찬우네 가족의 자리입니다. 찬우네 가족의 자리 번호 중 가장 큰 번호는 몇 번입니까?

- 가족 5명이 옆으로 나란히 앉아 있습니다.
- 찬우네 가족의 자리 번호 중 가장 작은 수는 83입니다.

문제 이해하기 찬우네 가족은 5명이므로 83부터 5개의 수를 순서대로 써 보면

| 83 | — | 84 | — | 85 | — | 86 | — | 87 |

답구하기 87번

38

교과서 100까지의 수

06 어린이 마라톤 대회에서 홍철이는 64번째로 들어왔고, 경아는 71번째로 들어왔습니다. 홍철이와 경아 사이에 들어온 어린이는 모두 몇 명입니까?

문제 이해하기 64부터 71까지의 수를 순서대로 써 보면

사이에 있는 수

| 64 | 65 | 66 | 67 | 68 | 69 | 70 | 71 |

답구하기 6명

07 수수깡을 민지는 10개씩 묶음 4개와 낱개 19개 가지고 있고, 지현이는 10개씩 묶음 6개와 낱개 2개 가지고 있습니다. 수수깡을 더 많이 가지고 있는 사람은 누구입니까?

문제 이해하기 [민지] 10개씩 묶음 4개와 낱개 19개인 수는 59
[지현] 10개씩 묶음 6개와 낱개 2개인 수는 62
➡ 59<62

답구하기 지현

08 1부터 9까지의 수 중에서 ㉠과 ㉡에 공통으로 들어갈 수 있는 수를 모두 구하시오.

| 42<4 ㉠ | 73> ㉡ 8 |

문제 이해하기
· 42와 4 ㉠ 의 낱개의 수를 비교해 보면
㉠에 들어갈 수 있는 수는 ③, ④, ⑤, 6, 7, 8, 9
· 73과 ㉡ 8의 10개씩 묶음의 수를 비교해 보면
㉡에 들어갈 수 있는 수는 1, 2, ③, ④, ⑤, 6

답구하기 3, 4, 5, 6

39

단원 마무리

09 4장의 수 카드 중에서 2장을 뽑아 한 번씩만 사용하여 몇십몇을 만들려고 합니다. 만들 수 있는 가장 큰 수와 가장 작은 수를 각각 구하시오.

| 3 | 8 | 4 | 0 |

문제 이해하기
❶ 수 카드에 적힌 수를 작은 수부터 순서대로 써 보면 0, 3, 4, 8
❷ 가장 큰 수를 만들려면
10개씩 묶음에 가장 큰 수인 8을 놓고,
낱개의 수에 둘째로 큰 수인 4를 놓습니다.
❸ 가장 작은 수를 만들려면
10개씩 묶음에 둘째로 작은 수인 3을 놓고,
낱개의 수에 가장 작은 수인 0을 놓습니다.

몇십몇을 만들 때
맨 앞에 0을 놓을 수 없어!

답구하기 84, 30

10 다음 조건을 모두 만족하는 수를 구하시오.

- 쉰일곱보다 큰 수입니다.
- 10개씩 묶음이 5개입니다.
- 홀수입니다.

문제 이해하기
❶ 쉰일곱을 수로 나타내 보면 57
❷ 57보다 큰 수는

10개씩 묶음이 5개

| 57 | 58 | 59 | 60 |

쉰일곱 짝수 홀수

답구하기 59

40

2주 4일 〔교과서〕 세 수의 덧셈과 뺄셈

세 수의 덧셈 ❶

공부한 날
월 일

2+1+3을 계산할 때에는
❶ 두 수를 먼저 더한 다음,
❷ 두 수를 더한 값에 나머지 한 수를 더합니다.

➜ $2 + 1 + 3 = 6$

실력
확인하기

□ 안에 알맞은 수를 써넣으시오.

1 $1+2+4=\boxed{7}$

2 $3+1+4=\boxed{8}$

3 $3+2+3=\boxed{8}$

4 $2+2+5=\boxed{9}$

5 $1+6+2=\boxed{9}$

6 $5+1+2=\boxed{8}$

43

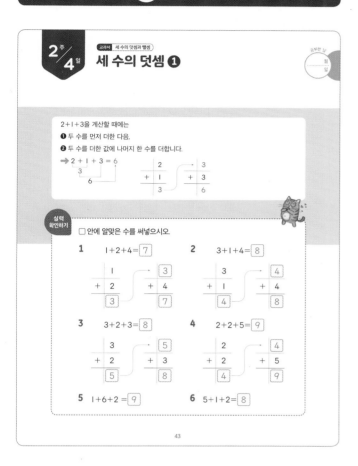

---

1 냉장고에 흰 우유 4개, 딸기 우유 3개, 바나나 우유 2개가 들어 있습니다. 냉장고에 들어 있는 우유는 모두 몇 개입니까?

〔문제 이해하기〕 딸기 우유 수만큼 △, 바나나 우유 수만큼 □를 그려 보면

〔식 세우기〕 (냉장고에 들어 있는 우유 수)
= (흰 우유 수)+(딸기 우유 수)+(바나나 우유 수)
= $\boxed{4} + \boxed{3} + \boxed{2} = \boxed{9}$

〔답 구하기〕 $\boxed{9}$ 개

2 바구니에 당근 2개, 오이 1개, 가지 3개가 들어 있습니다. 바구니에 들어 있는 채소는 모두 몇 개입니까?

〔문제 이해하기〕 오이 수만큼 △, 가지 수만큼 □를 그려 보면

〔식 세우기〕 (바구니에 들어 있는 채소 수)
= (당근 수)+(오이 수)+(가지 수)
= $\boxed{2} + \boxed{1} + \boxed{3} = \boxed{6}$

〔답 구하기〕 $\boxed{6}$ 개

3 책상에 가위 4개, 풀 2개가 놓여 있습니다. 풀을 2개 더 놓았다면 책상에 놓인 가위와 풀은 모두 몇 개입니까?

〔문제 이해하기〕 책상에 놓인 풀 수만큼 △, 더 놓은 풀 수만큼 □를 그려 보면

〔식 세우기〕 (책상에 놓인 가위와 풀 수)
= (가위 수)+(풀 수)
+(더 놓은 풀 수)
= $\boxed{4} + \boxed{2} + \boxed{2} = \boxed{8}$

〔답 구하기〕 $\boxed{8}$ 개

44

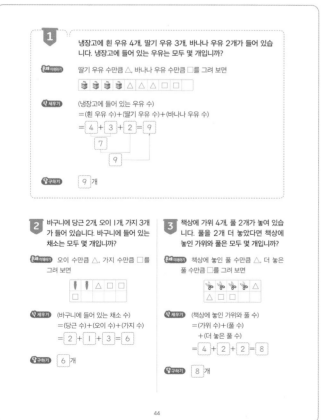

---

4 그림을 보고 알맞은 덧셈식을 써 보시오.

$4+\boxed{}+\boxed{}=\boxed{}$

〔문제 이해하기〕
• 오른쪽으로 갈수록 수가 (커집니다 , 작아집니다).
• 그림에서 0부터 4까지 4칸으로 나누어져 있으므로 한 칸은 $\boxed{1}$ 입니다.
• 화살표가 4에서 오른쪽으로 $\boxed{1}$ 칸, $\boxed{3}$ 칸 갑니다.

〔답 구하기〕 $4+\boxed{1}+\boxed{3}=\boxed{8}$

5 그림을 보고 알맞은 덧셈식을 써 보시오.

$2+\boxed{}+\boxed{}=\boxed{}$

〔문제 이해하기〕
• 그림에서 0부터 2까지 2칸으로 나누어져 있으므로 한 칸은 $\boxed{1}$ 입니다.
• 화살표가 2에서 오른쪽으로 $\boxed{5}$ 칸, $\boxed{2}$ 칸 갑니다.

〔답 구하기〕 $2+\boxed{5}+\boxed{2}=\boxed{9}$

6 그림을 보고 알맞은 덧셈식을 써 보시오.

$\boxed{}+\boxed{}+\boxed{}=\boxed{}$

〔문제 이해하기〕
• 그림에서 0부터 3까지 3칸으로 나누어져 있으므로 한 칸은 $\boxed{1}$ 입니다.
• 화살표가 0에서 오른쪽으로 $\boxed{3}$ 칸, $\boxed{3}$ 칸, $\boxed{3}$ 칸 갑니다.

〔답 구하기〕 $\boxed{3}+\boxed{3}+\boxed{3}=\boxed{9}$

45

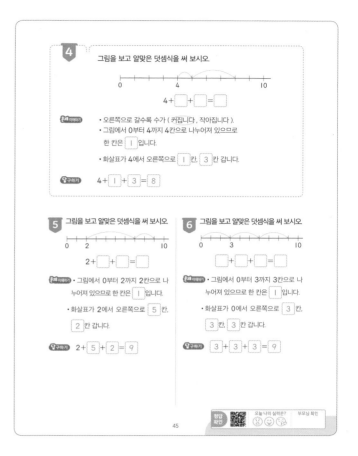

재미있는
수학
놀이터

인형 꾸미기

미래가 인형 옷 가게에서 옷을 고르고 있어요.
옷을 사려면 보석이 필요하군요.
미래가 다음과 같이 인형을 꾸몄을 때, 보석은 모두 몇 개 필요한지 써 보세요.

인형 옷 가게

보석 1개
보석 4개
보석 2개

필요한 보석: $\boxed{7}$ 개

$1+4+2=7$

46

9

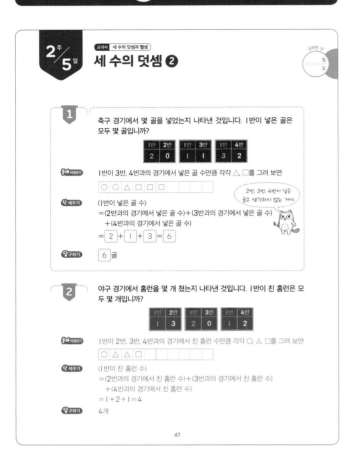

2주 5일 교과서 세 수의 덧셈과 뺄셈

세 수의 덧셈 ❷

1 축구 경기에서 몇 골을 넣었는지 나타낸 것입니다. 1반이 넣은 골은 모두 몇 골입니까?

1반	2반	1반	3반	1반	4반
2	0	1	1	3	2

문제 이해하기 1반이 3반, 4반과의 경기에서 넣은 골 수만큼 각각 △, □를 그려 보면

○ ○ ○ △ □ □ □

2반, 3반, 4반이 넣은 골은 생각하지 않는 거야.

식 세우기 (1반이 넣은 골 수)
= (2반과의 경기에서 넣은 골 수) + (3반과의 경기에서 넣은 골 수)
   + (4반과의 경기에서 넣은 골 수)
= 2 + 1 + 3 = 6

답 구하기 6 골

2 야구 경기에서 홈런을 몇 개 쳤는지 나타낸 것입니다. 1반이 친 홈런은 모두 몇 개입니까?

1반	2반	1반	3반	1반	4반
1	3	2	0	1	2

문제 이해하기 1반이 2반, 3반, 4반과의 경기에서 친 홈런 수만큼 각각 ○, △, □를 그려 보면

○ △ △ □

식 세우기 (1반이 친 홈런 수)
= (2반과의 경기에서 친 홈런 수) + (3반과의 경기에서 친 홈런 수)
   + (4반과의 경기에서 친 홈런 수)
= 1 + 2 + 1 = 4

답 구하기 4개

47

3 그림을 보고 □ 안에 수를 써넣어 이야기를 완성하시오

나는 종이학 □개를 접었어.

종이학 3개를 접었어.

미애   영준

나가 □개를 접었으니 모두 □개

지연

문제 이해하기 영준이가 접은 종이학 수를 세어 보면 3
지연이가 접은 종이학 수를 세어 보면 2

식 세우기 (미애, 영준, 지연이가 접은 종이학 수)
= (미애가 접은 종이학 수) + (영준이가 접은 종이학 수)
   + (지연이가 접은 종이학 수)
= 3 + 3 + 2 = 8

답 구하기 (왼쪽에서부터) 3, 2, 8

4 그림을 보고 □ 안에 수를 써넣어 이야기를 완성하시오

만두 4개를 만들었어.

나는 만두 □개를 만들었어요.

내가 □개를 만들었으니 모두 □개

엄마   민서   아빠

문제 이해하기 민서가 만든 만두 수를 세어 보면 1
아빠가 만든 만두 수를 세어 보면 2

식 세우기 (엄마, 민서, 아빠가 만든 만두 수)
= (엄마가 만든 만두 수) + (민서가 만든 만두 수) + (아빠가 만든 만두 수)
= 4 + 1 + 2 = 7

답 구하기 (왼쪽에서부터) 1, 2, 7

48

5 수 카드 4장 중에서 3장을 골라 덧셈식을 만들었습니다. 만든 덧셈식의 합이 가장 작을 때의 합을 구하시오.

4   1   8   2

문제 이해하기 ❶ 더하는 수들이 작을수록 계산 결과는 (작아집니다 , 커집니다).
❷ 수 카드에 적힌 수의 크기를 비교해 보면
1 < 2 < 4 < 8

식 세우기 합이 가장 작은 덧셈식은
1 + 2 + 4 = 7

답 구하기 7

6 수 카드 4장 중에서 3장을 골라 덧셈식을 만들었습니다. 만든 덧셈식의 합이 가장 작을 때의 합을 구하시오.

3   2   8   4

문제 이해하기 ❶ 더하는 수들이 작을수록 계산 결과는 작아집니다.
❷ 수 카드에 적힌 수의 크기를 비교해 보면
2 < 3 < 4 < 8

식 세우기 합이 가장 작은 덧셈식은
2 + 3 + 4 = 9

답 구하기 9

49

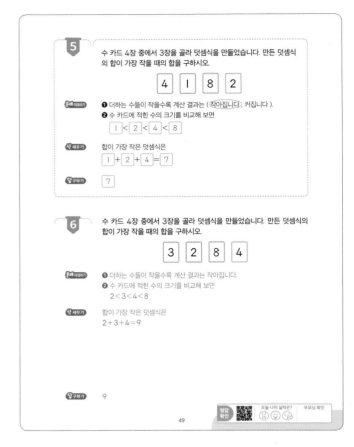

재미있는 수학 놀이터

초밥을 가장 많이 먹은 사람은?

친구들이 회전 초밥을 먹으러 왔어요. 그릇 색깔에 따라 초밥의 개수가 다르군요. 대한이, 미래, 누리 앞에 놓인 그릇을 보고, 가장 많이 먹은 친구에게 ○표 하세요.

: 초밥 1개   : 초밥 2개
: 초밥 3개   : 초밥 4개
: 초밥 5개

누리: 2+4+2=8
미래: 3+2+1=6
대한: 5+1+1=7

50

10

3주 1일

교과서 세 수의 덧셈과 뺄셈

세 수의 뺄셈 ❶

공부한 날
월   일

5−2−1을 계산할 때에는
❶ 앞의 두 수를 먼저 뺀 다음.
❷ 두 수를 뺀 값에서 나머지 한 수를 뺍니다.

➡ 5 − 2 − 1 = 2

실력 확인하기

□ 안에 알맞은 수를 써넣으시오.

1 4−1−2= 1

2 6−3−1= 2

3 7−2−4= 1

4 9−2−3= 4

5 8−5−1= 2

6 6−1−2= 3

51

---

1 지우는 연필 7자루를 가지고 있었습니다. 그중에서 주희에게 2자루를 주고 현수에게 3자루를 주었습니다. 지우에게 남은 연필은 몇 자루입니까?

문제 이해하기   주희에게 준 연필 수만큼 /으로, 현수에게 준 연필 수만큼 ✕로 지워 보면

○ ○ ⊘ ⊘ ⊘ ⊘ ⊘

식 세우기   (지우에게 남은 연필 수)
=(처음에 있던 연필 수)−(주희에게 준 연필 수)−(현수에게 준 연필 수)
= 7 − 2 − 3 = 2

답구하기   2 자루

2 소시지 8개 중에서 내가 3개를 먹고, 동생이 4개를 먹었습니다. 남은 소시지는 몇 개입니까?

문제 이해하기   내가 먹은 소시지 수만큼 /으로, 동생이 먹은 소시지 수만큼 ✕로 지워 보면

식 세우기   (남은 소시지 수)
=(처음에 있던 소시지 수)
−(내가 먹은 소시지 수)
−(동생이 먹은 소시지 수)
= 8 − 3 − 4 = 1

답구하기   1 개

3 버스에 9명이 타고 있었는데 공원 앞에서 1명, 도서관 앞에서 5명이 내렸습니다. 버스에 남은 사람은 몇 명입니까?

문제 이해하기   공원 앞에서 내린 사람 수만큼 /으로, 도서관 앞에서 내린 사람 수만큼 ✕로 지워 보면

식 세우기   (버스에 남은 사람 수)
=(처음 버스에 타고 있던 사람 수)
−(공원 앞에서 내린 사람 수)
−(도서관 앞에서 내린 사람 수)
= 9 − 1 − 5 = 3

답구하기   3 명

52

---

4 그림을 보고 알맞은 뺄셈식을 써 보시오.

0 ___ 8 10

8 − □ − □ = □

문제 이해하기
• 왼쪽으로 갈수록 수가 (커집니다 , (작아집니다)).
• 그림에서 0부터 8까지 8칸으로 나누어져 있으므로 한 칸은 1 입니다.
• 화살표가 8에서 왼쪽으로 3 칸, 1 칸 갑니다.

답구하기   8 − 3 − 1 = 4

5 그림을 보고 알맞은 뺄셈식을 써 보시오.

0 ___ 9 10

9 − □ − □ = □

문제 이해하기
• 그림에서 0부터 9까지 9칸으로 나누어져 있으므로 한 칸은 1 입니다.
• 화살표가 9에서 왼쪽으로 1 칸, 2 칸 갑니다.

답구하기   9 − 1 − 2 = 6

6 그림을 보고 알맞은 뺄셈식을 써 보시오

0 ___ 7 10

□ − □ − □ = □

문제 이해하기
• 오른쪽으로 갈수록 수가 ((커지고) , 작아지고), 왼쪽으로 갈수록 수가 (커집니다 , (작아집니다)).
• 그림에서 0부터 7까지 7칸으로 나누어져 있으므로 한 칸은 1 입니다.
• 화살표가 0에서 오른쪽으로 7 칸 갔다가 왼쪽으로 3 칸, 3 칸 갑니다.

답구하기   7 − 3 − 3 = 1

정답 확인   오늘 나의 실력은?   부모님 확인

53

재미있는 수학놀이터

재미있는 수학놀이터

내 선물은?

지원이가 화살 3개를 쏘았어요. 노란색 과녁을 맞히면 적힌 수만큼 더하고 파란색 과녁을 맞히면 적힌 수만큼 빼야 한대요.
점수에 따라 선물을 주는군요. 지원이의 점수를 쓰고, 지원이가 받을 선물에 ○표 해 보세요.

3 점이 나왔어요.

점수에 따라 여기에서 선물을 가져가시면 돼요.

지원 7 − 3 − 1 = 3

54

3주 2일 | 교과서 세 수의 덧셈과 뺄셈

세 수의 뺄셈 ❷

1

음악 소리의 크기를 7칸에서 1칸을 줄이고 다시 3칸을 줄였습니다. 지금 듣고 있는 음악 소리의 크기만큼 칸을 색칠해 보시오.

문제 이해하기
첫 번째로 줄인 칸 수만큼 /으로, 두 번째로 줄인 칸 수만큼 ×로 지워 보면
○ ○ ○ ○ ⊗ ⊘ ⊘

식 세우기
(음악 소리 칸 수)=(처음 음악 소리 칸 수)−(첫 번째로 줄인 음악 소리 칸 수)
　　　　　　　　−(두 번째로 줄인 음악 소리 칸 수)
　　　　　　＝ 7 − 1 − 3 ＝ 3

답 구하기
■ ■ ■ □ □ □ □

2

시계 알람 소리의 크기를 9칸에서 5칸을 줄이고 다시 2칸을 줄였습니다. 지금 시계 알람 소리의 크기만큼 칸을 색칠해 보시오.

문제 이해하기
첫 번째로 줄인 칸 수만큼 /으로, 두 번째로 줄인 칸 수만큼 ×로 지워 보면
○ ○ ⊗ ⊘ ⊘ ⊘ ⊘ ⊘

식 세우기
(알람 소리 칸 수)=(처음 알람 소리 칸 수)−(첫 번째로 줄인 알람 소리 칸 수)
　　　　　　　　−(두 번째로 줄인 알람 소리 칸 수)
　　　　　　＝9−5−2＝2

답 구하기
■ ■ □ □ □ □ □ □

55

3

□ 안에 수를 써넣어 이야기를 완성하시오.

(엄마가 도넛 6개를 사 왔는데 몇 개 먹었니?)
저는 □ 개 먹었어요.
저는 □ 개 먹었어요.
도넛이 □ 개 남았겠구나.
엄마　친우　수아　아빠

문제 이해하기
저는 2 개 먹었어요. ― 찬우
저는 1 개 먹었어요. ― 수아

식 세우기
(남은 도넛 수)
＝(엄마가 사 온 도넛 수)−(찬우가 먹은 도넛 수)−(수아가 먹은 도넛 수)
＝ 6 − 2 − 1 ＝ 3

답 구하기
(왼쪽에서부터) 2 , 1 , 3

4

□ 안에 수를 써넣어 이야기를 완성하시오.

(학급 문고에 동화책이 8권 있네.)
내가 □ 권 빌려 갈게.
나는 □ 권 빌려 갈래!
그럼 동화책은 □ 권이 남겠네.
지나　종민　지희

문제 이해하기
내가 1 권 빌려 갈게. ― 종민
나는 3 권 빌려 갈래! ― 지희

식 세우기
(학급 문고에 남아 있을 동화책 수)=(처음에 있던 동화책 수)
　　　　　　　　−(종민이가 빌려 갈 동화책 수)
　　　　　　　　−(지희가 빌려 갈 동화책 수)
　　　　　　＝8−1−3＝4

답 구하기
(왼쪽에서부터) 1, 3, 4

56

5

4장의 수 카드 중에서 3장을 골라 계산한 결과가 4인 뺄셈식을 만들려고 합니다. □ 안에 알맞은 수를 써넣으시오.

4 ㅣ 2 7 　□−□−□=4

문제 이해하기
4장의 수 카드 중에서 3장을 고르는 경우는
❶ (4, 1, 2)　　　❷ (4, 1, 7)
❸ (4, 2, 7)　　　❹ (1, 2, 7)

식 세우기
고른 3장의 수 카드로 뺄셈식을 만들면
❶ 4−1−2= 1 　　　❷ 7−4−1= 2
❸ 7−4−2= 1 　　　❹ 7−1−2= 4

답 구하기
7 ㅣ 2 (또는 7, 2, 1)

계산한 결과가 4인 뺄셈식을 찾아봐!

6

4장의 수 카드 중에서 3장을 골라 계산한 결과가 5인 뺄셈식을 만들려고 합니다. □ 안에 알맞은 수를 써넣으시오.

3 9 ㅣ 5 　□−□−□=5

문제 이해하기
4장의 수 카드 중에서 3장을 고르는 경우는
❶ (3, 9, 1)　　　❷ (3, 9, 5)
❸ (3, 1, 5)　　　❹ (9, 1, 5)

식 세우기
고른 3장의 수 카드로 뺄셈식을 만들면
❶ 9−3−1=5　　　❷ 9−3−5=1
❸ 5−3−1=1　　　❹ 9−1−5=3

답 구하기
9, 3, 1 (또는 9, 1, 3)

57

재미있는 수학 놀이터

칭찬 카드는 몇 장?

미래는 잘한 일이 있으면 부모님께 칭찬 카드를 받고, 잘못한 일이 있으면 부모님께 칭찬 카드를 다시 드려요.
미래가 3일 동안 모은 칭찬 카드는 모두 몇 장일까요?

(첫째 날) 동생과 놀아 주기: +7장
미래　동생

칭찬 카드

잘한 일	
한 일	칭찬 카드
집안일 도와주기	8장
동생과 놀아 주기	7장

잘못한 일	
한 일	칭찬 카드
숙제 안 하기	4장
동생과 다투기	3장
방 치우지 않기	2장

(둘째 날) 방 치우지 않기: −2장

(셋째 날) 동생과 다투기: −3장

미래가 3일 동안 모은 칭찬 카드: 2 장

7−2−3=2

58

12

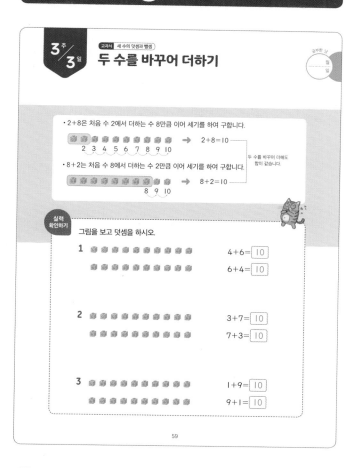

3주 3일

교과서 세 수의 덧셈과 뺄셈

두 수를 바꾸어 더하기

- 2+8은 처음 수 2에서 더하는 수 8만큼 이어 세기를 하여 구합니다.

2 3 4 5 6 7 8 9 10 → 2+8=10

두 수를 바꾸어 더해도 합이 같습니다.

- 8+2는 처음 수 8에서 더하는 수 2만큼 이어 세기를 하여 구합니다.

8 9 10 → 8+2=10

실력 확인하기

그림을 보고 덧셈을 하시오.

1
4+6=10
6+4=10

2
3+7=10
7+3=10

3
1+9=10
9+1=10

59

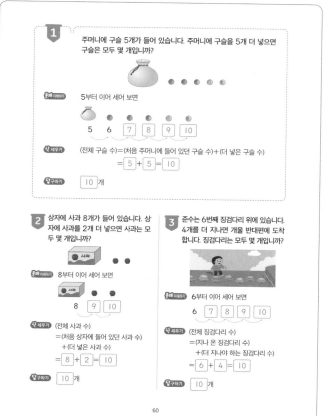

1 주머니에 구슬 5개가 들어 있습니다. 주머니에 구슬을 5개 더 넣으면 구슬은 모두 몇 개입니까?

문제 이해하기 5부터 이어 세어 보면

5 6 7 8 9 10

식 세우기 (전체 구슬 수)=(처음 주머니에 들어 있던 구슬 수)+(더 넣은 구슬 수)
=5+5=10

구구하기 10 개

2 상자에 사과 8개가 들어 있습니다. 상자에 사과를 2개 더 넣으면 사과는 모두 몇 개입니까?

문제 이해하기 8부터 이어 세어 보면

8 9 10

식 세우기 (전체 사과 수)
=(처음 상자에 들어 있던 사과 수)
+(더 넣은 사과 수)
=8+2=10

구구하기 10 개

3 준수는 6번째 징검다리 위에 있습니다. 4개를 더 지나면 개울 반대편에 도착합니다. 징검다리는 모두 몇 개입니까?

문제 이해하기 6부터 이어 세어 보면

6 7 8 9 10

식 세우기 (전체 징검다리 수)
=(지나 온 징검다리 수)
+(더 지나야 하는 징검다리 수)
=6+4=10

구구하기 10 개

60

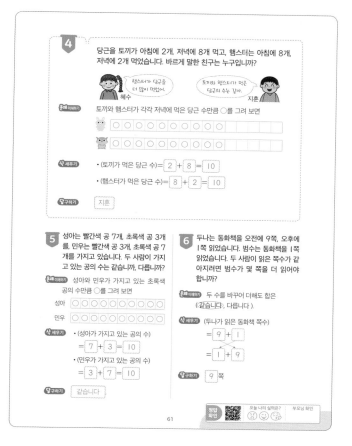

4 당근을 토끼가 아침에 2개, 저녁에 8개 먹고, 햄스터는 아침에 8개, 저녁에 2개 먹었습니다. 바르게 말한 친구는 누구입니까?

혜수: 햄스터가 당근을 더 많이 먹었어.

지훈: 토끼와 햄스터가 먹은 당근의 수는 같아.

문제 이해하기 토끼와 햄스터가 각각 저녁에 먹은 당근 수만큼 ○를 그려 보면

식 세우기
- (토끼가 먹은 당근 수)= 2 + 8 = 10
- (햄스터가 먹은 당근 수)= 8 + 2 = 10

구구하기 지훈

5 성아는 빨간색 공 7개, 초록색 공 3개를, 민우는 빨간색 공 3개, 초록색 공 7개를 가지고 있습니다. 두 사람이 가지고 있는 공의 수는 같습니까, 다릅니까?

문제 이해하기 성아와 민우가 가지고 있는 초록색 공의 수만큼 ○를 그려 보면

성아 ○○○○○○○
민우 ○○○○○○○○○○

식 세우기
- (성아가 가지고 있는 공의 수)
= 7 + 3 = 10
- (민우가 가지고 있는 공의 수)
= 3 + 7 = 10

구구하기 같습니다

6 두나는 동화책을 오전에 9쪽, 오후에 1쪽 읽었습니다. 범수는 동화책을 1쪽 읽었습니다. 두 사람이 읽은 쪽수가 같아지려면 범수가 몇 쪽을 더 읽어야 합니까?

문제 이해하기 두 수를 바꾸어 더해도 합은 (같습니다, 다릅니다).

식 세우기 (두나가 읽은 동화책 쪽수)
= 9 + 1
= 1 + 9

구구하기 9 쪽

61

수학 놀이터

사과의 개수는?

삼형제가 과수원에 갔어요.
첫째 형과 둘째 형은 자신이 딴 사과가 몇 개인지 셋째에게 말하고 있어요.
첫째 형과 둘째 형이 딴 사과의 수를 쓰고 알맞은 말에 ○표 하세요.

나는 사과를 오전에 4개, 오후에 6개 땄어.

난 사과를 오전에 6개, 오후에 4개 땄어.

4+6=10 첫째 형
6+4=10 둘째 형

첫째 형이 10개, 둘째 형이 10개를 땄네.
첫째 형과 둘째 형이 딴 사과의 수는 (같습니다, 다릅니다).

62

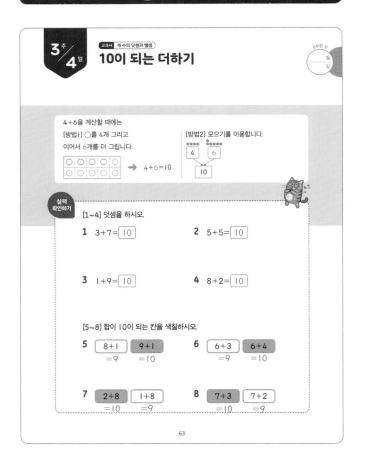

3주/4일

교과서 세 수의 덧셈과 뺄셈

10이 되는 더하기

4+6을 계산할 때에는

[방법1] ◯를 4개 그리고
이어서 6개를 더 그립니다.

→ 4+6=10

[방법2] 모으기를 이용합니다.

4 6

10

실력
확인하기

[1~4] 덧셈을 하시오.

1 3+7=[10] **2** 5+5=[10]

3 1+9=[10] **4** 8+2=[10]

[5~8] 합이 10이 되는 칸을 색칠하시오.

5 8+1 9+1
=9 =10

6 6+3 6+4
=9 =10

7 2+8 1+8
=10 =9

8 7+3 7+2
=10 =9

63

1 상자에 초콜릿 7개가 들어 있습니다. 이 상자에 초콜릿 3개를 더 넣으면 초콜릿은 모두 몇 개입니까?

문제 이해하기 더 넣은 초콜릿 수만큼 ◯를 그려 보면

◯◯◯◯◯◯◯◯◯◯

식 세우기 (전체 초콜릿 수)
=(처음 상자에 들어 있던 초콜릿 수)+(더 넣은 초콜릿 수)
=[7]+[3]=[10]

답구하기 [10] 개

2 꽃밭에 나비 9마리가 있었는데 한 마리가 더 날아왔습니다. 나비는 모두 몇 마리입니까?

문제 이해하기 더 날아온 나비 수만큼 ◯를 그려 보면

식 세우기 (전체 나비 수)
=(처음 꽃밭에 있던 나비 수)
+(더 날아온 나비 수)
=[9]+[1]=[10]

답구하기 [10] 마리

3 지영이네 모둠 친구들은 방패연 2개와 가오리연 8개를 만들었습니다. 지영이네 모둠 친구들이 만든 연은 모두 몇 개입니까?

문제 이해하기 가오리연 수만큼 ◯를 그려 보면

식 세우기 (방패연과 가오리연 수)
=(방패연 수)+(가오리연 수)
=[2]+[8]=[10]

답구하기 [10] 개

64

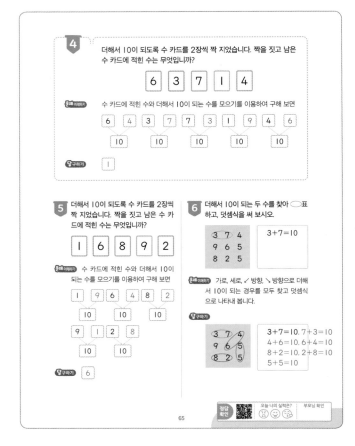

4 더해서 10이 되도록 수 카드를 2장씩 짝 지었습니다. 짝을 짓고 남은 수 카드에 적힌 수는 무엇입니까?

6 3 7 1 4

문제 이해하기 수 카드에 적힌 수와 더해서 10이 되는 수를 모으기를 이용하여 구해 보면

6 4 3 7 7 3 1 9 4 6

10 10 10 10 10

답구하기 [1]

5 더해서 10이 되도록 수 카드를 2장씩 짝 지었습니다. 짝을 짓고 남은 수 카드에 적힌 수는 무엇입니까?

1 6 8 9 2

문제 이해하기 수 카드에 적힌 수와 더해서 10이 되는 수를 모으기를 이용하여 구해 보면

1 9 6 4 8 2

10 10 10

9 1 2 8

10 10

답구하기 [6]

6 더해서 10이 되는 두 수를 찾아 ◯표 하고, 덧셈식을 써 보시오.

3	7	4
9	6	5
8	2	5

3+7=10

문제 이해하기 가로, 세로, ✓ 방향, ＼ 방향으로 더해서 10이 되는 경우를 모두 찾아 덧셈식으로 나타내 봅니다.

3	7	4
9	6	5
8	2	5

3+7=10, 7+3=10
4+6=10, 6+4=10
8+2=10, 2+8=10
5+5=10

정답확인 오늘 나의 실력은? 부모님 확인

65

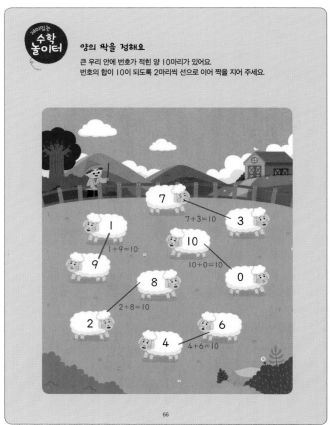

재미있는 수학 놀이터

양의 짝을 정해요

큰 우리 안에 번호가 적힌 양 10마리가 있어요.
번호의 합이 10이 되도록 2마리씩 선으로 이어 짝을 지어 주세요.

7+3=10
1+9=10
10+0=10
2+8=10
4+6=10

66

③주/5일

교과서 세 수의 덧셈과 뺄셈

10에서 빼기

10−3을 계산할 때에는

[방법1] ○를 10개 그리고 그중에서
3개만큼 /으로 지웁니다.

⊘⊘⊘○○
○○○○○ ➞ 10−3=7

[방법2] 가르기를 이용합니다.

10
3 7

실력 확인하기

뺄셈을 하시오.

1 10−1= 9

2 10−2= 8

3 10−5= 5

4 10−7= 3

5 10−8= 2

6 10−4= 6

7 10−6= 4

8 10−9= 1

---

1 나무에 참새가 10마리 앉아 있습니다. 그중에서 4마리가 날아갔습니다. 남아 있는 참새는 모두 몇 마리입니까?

문제 이해하기 날아간 참새 수만큼 /으로 지워 보면

○○○○○○⊘⊘⊘⊘

식 세우기 (남아 있는 참새 수)
＝(나무에 앉아 있던 참새 수)−(날아간 참새 수)
＝ 10 − 4 ＝ 6

답 구하기 6 마리

2 운동장에 학생 10명이 있습니다. 그중에서 모자를 쓴 학생이 2명입니다. 모자를 쓰지 않은 학생은 몇 명입니까?

문제 이해하기 모자를 쓴 학생 수만큼 /으로 지워 보면

○○○○○
○○○⊘⊘

식 세우기 (모자를 쓰지 않은 학생 수)
＝(운동장에 있는 학생 수)
−(모자를 쓴 학생 수)
＝ 10 − 2 ＝ 8

답 구하기 8 명

3 자물쇠가 10개, 열쇠가 6개 있습니다. 자물쇠는 열쇠보다 몇 개 더 많습니까?

문제 이해하기 자물쇠와 열쇠를 하나씩 짝 지어 보면

식 세우기 (자물쇠 수)−(열쇠 수)
＝ 10 − 6 ＝ 4

답 구하기 4 개

---

4 차를 구하고 보기 에서 그 차에 해당하는 글자를 찾아 써 보시오.

보기

1	2	3	4	5	6	7	8	9
상	력	도	비	의	자	우	깨	창

10−1=☐ ➞ ☐ , 10−5=☐ ➞ ☐ , 10−8=☐ ➞ ☐

문제 이해하기 10과 빼는 수를 이용하여 가르기 해 보면

10   10   10
1 9   5 5   8 2

10−1에서
빼는 수는 3이야

답 구하기 9 창 5 의 2 력

5 차를 구하고 4번 보기 에서 그 차에 해당하는 글자를 찾아 써 보시오.

10−7=☐ ➞ ☐
10−2=☐ ➞ ☐
10−6=☐ ➞ ☐

문제 이해하기 10과 빼는 수를 이용하여 가르기 해 보면

10   10   10
7 3 2 8 6 4

답 구하기 3 도 8 깨 4 비

6 ☐ 모양의 물건은 ○ 모양의 물건보다 몇 개 더 많은지 뺄셈식을 써 보시오

문제 이해하기 ☐ 모양 물건은 10 개,
○ 모양 물건은 3 개

식 세우기 (☐ 모양의 수)−(○ 모양의 수)
＝ 10 − 3 ＝ 7

답 구하기 10 − 3 ＝ 7

재미있는 **수학 놀이터**

블록 만들기

미래는 가지고 있는 블록을 모아 보았어요.
이 블록을 이용하여 거미를 만들려고 해요.
거미를 만들고 나면 블록은 각각 몇 개씩 남을까요?

=8개
=8개
=1개

←10개
←10개
←10개

〈거미를 만들고 남은 블록 수〉

2 개   2 개   9 개
10−8=2   10−8=2   10−1=9

4주/1일

교과서 세 수의 덧셈과 뺄셈

10을 만들어 더하기 ❶

5+8+2를 계산할 때에는

❶ 합이 10이 되는 두 수를 먼저 더한 다음,

❷ 두 수를 더한 값에 나머지 한 수를 더합니다.

$$5 + \underbrace{8 + 2}_{10} = 15$$
$$15$$

실력 확인하기

□ 안에 알맞은 수를 써넣으시오.

1 $1 + \underbrace{9 + 3}_{10} = \boxed{13}$
$\boxed{13}$

2 $3 + \underbrace{7 + 7}_{10} = \boxed{17}$
$\boxed{17}$

3 $\underbrace{6 + 2 + 8}_{10} = \boxed{16}$
$\boxed{16}$

4 $\underbrace{2 + 4 + 6}_{10} = \boxed{12}$
$\boxed{12}$

5 $\underbrace{6+4+8}_{10} = \boxed{18}$
18

6 $\underbrace{5+5+2}_{10} = \boxed{12}$
12

7 $5+\underbrace{9+1}_{10} = \boxed{15}$
15

8 $7+\underbrace{9+3}_{10} = \boxed{19}$
19

71

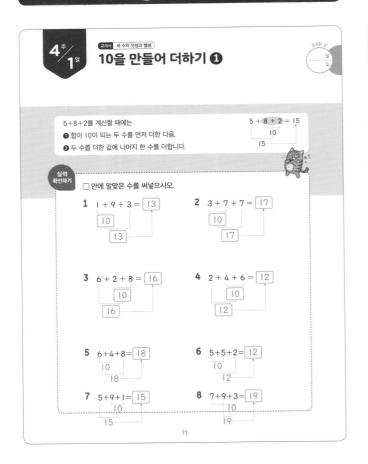

1 주머니에 빨간색 구슬 3개, 노란색 구슬 7개, 파란색 구슬 5개가 있습니다. 주머니에 있는 구슬은 모두 몇 개입니까?

문제 이해하기 합해서 10개가 되는 구슬을 묶어 보면

식 세우기 (주머니에 있는 구슬 수)
=(빨간색 구슬 수)+(노란색 구슬 수)+(파란색 구슬 수)
=$\boxed{3} + \underbrace{\boxed{7} + \boxed{5}}_{10} = \boxed{15}$
15

답 구하기 $\boxed{15}$ 개

2 꽃병에 장미 6송이, 튤립 4송이, 백합 2송이가 있습니다. 꽃병에 있는 꽃은 모두 몇 송이입니까?

문제 이해하기 합해서 10송이가 되는 꽃을 묶어 보면

식 세우기 (꽃병에 있는 꽃 수)
=(장미 수)+(튤립 수)+(백합 수)
=$\boxed{6} + \boxed{4} + \boxed{2} = \boxed{12}$

답 구하기 $\boxed{12}$ 송이

3 공원에 참새 9마리, 까치 1마리, 비둘기 7마리가 있습니다. 공원에 있는 참새, 까치, 비둘기는 모두 몇 마리입니까?

문제 이해하기 합해서 10마리가 되는 새를 묶어 보면

식 세우기 (공원에 있는 참새, 까치, 비둘기 수)
=(참새 수)+(까치 수)+(비둘기 수)
=$\boxed{9} + \boxed{1} + \boxed{7} = \boxed{17}$

답 구하기 $\boxed{17}$ 마리

72

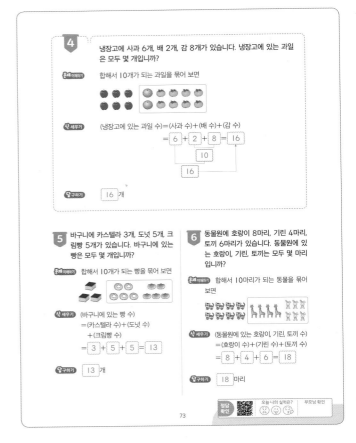

4 냉장고에 사과 6개, 배 2개, 감 8개가 있습니다. 냉장고에 있는 과일은 모두 몇 개입니까?

문제 이해하기 합해서 10개가 되는 과일을 묶어 보면

식 세우기 (냉장고에 있는 과일 수)=(사과 수)+(배 수)+(감 수)
=$\boxed{6} + \underbrace{\boxed{2} + \boxed{8}}_{10} = \boxed{16}$
16

답 구하기 $\boxed{16}$ 개

5 바구니에 카스텔라 3개, 도넛 5개, 크림빵 5개가 있습니다. 바구니에 있는 빵은 모두 몇 개입니까?

문제 이해하기 합해서 10개가 되는 빵을 묶어 보면

식 세우기 (바구니에 있는 빵 수)
=(카스텔라 수)+(도넛 수)
+(크림빵 수)
=$\boxed{3} + \boxed{5} + \boxed{5} = \boxed{13}$

답 구하기 $\boxed{13}$ 개

6 동물원에 호랑이 8마리, 기린 4마리, 토끼 6마리가 있습니다. 동물원에 있는 호랑이, 기린, 토끼는 모두 몇 마리입니까?

문제 이해하기 합해서 10마리가 되는 동물을 묶어 보면

식 세우기 (동물원에 있는 호랑이, 기린, 토끼 수)
=(호랑이 수)+(기린 수)+(토끼 수)
=$\boxed{8} + \boxed{4} + \boxed{6} = \boxed{18}$

답 구하기 $\boxed{18}$ 마리

정답확인 오늘 나의 실력은? 부모님 확인

73

재미있는 수학 놀이터

나연이의 선택은?

나연이가 동생과 함께 마트에 간식을 사러 갔어요.
초콜릿, 젤리, 사탕이 함께 들어 있는 간식 세트를 파네요.
나연이는 간식이 하나라도 더 들어 있는 세트를 사려고 해요.
나연이가 골라야 하는 간식 세트에 ○표 해 보세요.

7개 + 6개 + 4개
7+6+4=17

7개 + 5개 + 3개
7+5+3=15

6개 + 4개 + 6개
6+4+6=16

동생   나연

74

4주/2일 교과서 세 수의 덧셈과 뺄셈

10을 만들어 더하기 ❷

1 준기가 읽은 책의 제목을 썼습니다. 모두 몇 권을 읽었습니까?

동화책	만화책	위인전
신데렐라, 인어 공주, 빨강 머리 앤, 아기 돼지 삼형제	백설 공주, 흥부와 놀부, 선녀와 나무꾼, 금도끼 은도끼, 콩쥐 팥쥐, 홍길동전	이순신, 세종 대왕, 헬렌켈러

문제 이해하기 동화책, 만화책, 위인전 수를 세어 보고, 합해서 10권이 되는 책을 묶어 보면
동화책 - 4 , 만화책 - 6 , 위인전 - 3

식 세우기 (준기가 읽은 책 수)=(동화책 수)+(만화책 수)+(위인전 수)
= 4 + 6 + 3 = 13

답구하기 13 권

2 민정이네 반 학생들의 청소 구역과 담당 학생을 적어 놓은 것입니다. 청소하는 학생은 모두 몇 명입니까?

교실	이민정, 정유진, 김성훈, 김재현, 최진호
복도	김성은, 신선희
화장실	김보미, 이선희, 이다빈, 김정민, 박지헌, 임혜원, 김선아, 박현서

문제 이해하기 청소 구역별 담당 학생 수를 세어 보고, 합해서 10명이 되는 청소 구역을 묶어 보면
교실 - 5 , 복도 - 2 , 화장실 - 8

식 세우기 (청소하는 학생 수)
=(교실 청소하는 학생 수)+(복도 청소하는 학생 수)+(화장실 청소하는 학생 수)
=5+2+8=15

답구하기 15명

75

3 같은 모양끼리 이어 목걸이를 만들려고 합니다. ⬤ 모양은 몇 개입니까?

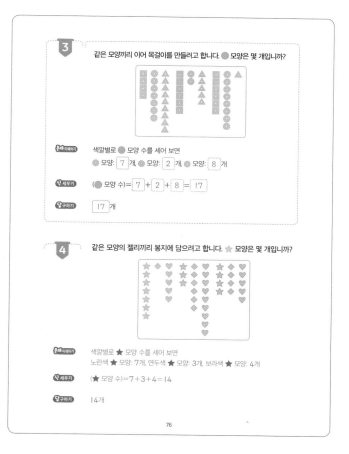

문제 이해하기 색깔별로 ⬤ 모양 수를 세어 보면
⬤ 모양: 7 개, ▲ 모양: 2 개, ⬤ 모양: 8 개

식 세우기 (⬤ 모양 수)= 7 + 2 + 8 = !7

답구하기 17 개

4 같은 모양의 젤리끼리 봉지에 담으려고 합니다. ★ 모양은 몇 개입니까?

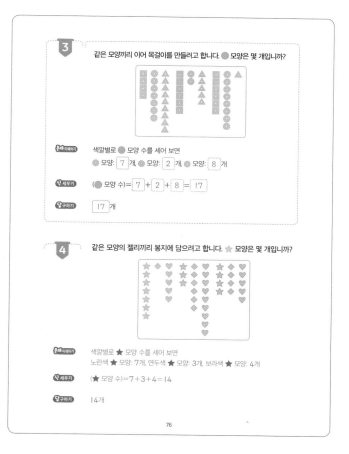

문제 이해하기 색깔별로 ★ 모양 수를 세어 보면
노란색 ★ 모양: 7개, 연두색 ★ 모양: 3개, 보라색 ★ 모양: 4개

식 세우기 (★ 모양 수)=7+3+4=14

답구하기 14개

76

5 보기 와 같이 주어진 글자 수에 알맞게 노래를 완성해 보시오.

보기			
9글자 샘물이	3글자 샘물이	3글자 솟는다	3글자 퐁퐁퐁

털옷을 입은	새벽에	예쁜 아기 곰
눈 비비고 일어나	하얀	토끼가

12글자

문제 이해하기 각각 글자 수를 세어 보면

털옷을 입은 → 5	새벽에 → 3	예쁜 아기 곰 → 5
눈 비비고 일어나 → 7	하얀 → 2	토끼가 → 3

식 세우기 예 2 + 5 + 5 =12

12글자가 되도록 조합해 봐요!

답구하기 예 하얀 털옷을 입은 예쁜 아기 곰

6 보기 와 같이 주어진 글자 수에 알맞게 노래를 완성해 보시오.

보기			
8글자 햇님	2글자 햇님	3글자 보면서	3글자 짝짜꿍

반짝반짝	한 집에	아름답게 비치네
있어	작은 별	곰 세 마리가

14글자

문제 이해하기 각각 글자 수를 세어 보면

반짝반짝 → 4	한 집에 → 3	아름답게 비치네 → 7
있어 → 2	작은 별 → 3	곰 세 마리가 → 5

식 세우기 예 4+3+7=14

답구하기 예 반짝반짝 작은 별 아름답게 비치네

정답 확인 · 오늘 나의 실력은? · 부모님 확인

77

재미있는 수학 놀이터

노래하는 로봇 만들기

다온이는 노래하는 로봇을 만들려고 해요.
규칙에 따라 색을 칠해야만 로봇이 노래를 부를 수 있어요.
로봇에 알맞은 색을 칠해 주세요.

〈규칙〉
1. 머리, 몸통, 다리에 각각 수가 적혀 있어요.
2. 머리, 몸통, 다리에 적힌 수를 더했을 때 16이 되게 해 주세요.
3. 그 수에 해당하는 색을 로봇에 칠해 주세요.

7+6+3=16

78

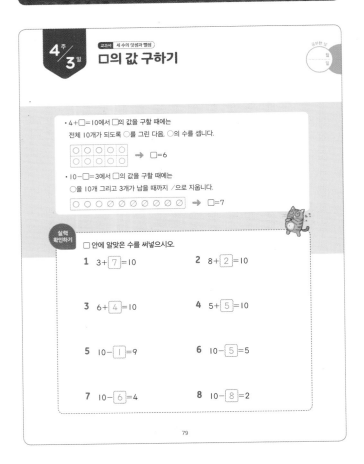

4주 3일 교과서 세 수의 덧셈과 뺄셈 □의 값 구하기

• 4+□=10에서 □의 값을 구할 때에는
전체 10개가 되도록 ○를 그린 다음, ○의 수를 셉니다.
→ □=6

• 10-□=3에서 □의 값을 구할 때에는
○을 10개 그리고 3개가 남을 때까지 /으로 지웁니다.
→ □=7

실력 확인하기
□ 안에 알맞은 수를 써넣으시오.

1 3+7=10
2 8+2=10

3 6+4=10
4 5+5=10

5 10-1=9
6 10-5=5

7 10-6=4
8 10-8=2

79

4 7에서 1을 빼고 어떤 수를 빼었더니 2가 되었습니다. 어떤 수에 3을 더하면 얼마입니까?

문제 이해하기 조건을 그림으로 나타내 보면
○○○○○○○ - ○ - ? = ○○

식 세우기 어떤 수를 □로 나타내면
7-1-□=2, 6-□=2, □=4
→ 어떤 수에 3을 더하면 4+3=7

답 구하기 7

5 1에 4를 더하고 어떤 수를 더했더니 9가 되었습니다. 어떤 수에서 2를 빼면 얼마입니까?

문제 이해하기 조건을 그림으로 나타내 보면
○ + ○○○○ + ? = ○○○○○○○○○

식 세우기 어떤 수를 □로 나타내면
1+4+□=9, 5+□=9, □=4
→ 어떤 수에서 2를 빼면 4-2=2

답 구하기 2

6 6에서 2를 빼고 어떤 수를 빼었더니 3이 되었습니다. 어떤 수를 세 번 더하면 얼마입니까?

문제 이해하기 조건을 그림으로 나타내 보면
○○○○○○ - ○○ - ? = ○○○○

식 세우기 어떤 수를 □로 나타내면
6-2-□=3, 4-□=3, □=1
→ 어떤 수를 세 번 더하면 1+1+1=3

답 구하기 3

81

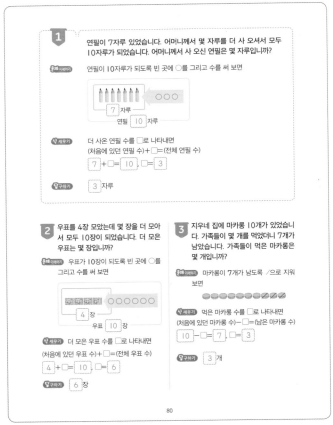

1 연필이 7자루 있었습니다. 어머니께서 몇 자루를 더 사 오셔서 모두 10자루가 되었습니다. 어머니께서 사 오신 연필은 몇 자루입니까?

문제 이해하기 연필이 10자루가 되도록 빈 곳에 ○를 그리고 수를 써 보면
7 자루
연필 10 자루

식 세우기 더 사 온 연필 수를 □로 나타내면
(처음에 있던 연필 수)+□=(전체 연필 수)
7+□=10, □=3

답 구하기 3 자루

2 우표를 4장 모았는데 몇 장을 더 모아서 모두 10장이 되었습니다. 더 모은 우표는 몇 장입니까?

문제 이해하기 우표가 10장이 되도록 빈 곳에 ○를 그리고 수를 써 보면
4 장
우표 10 장

식 세우기 더 모은 우표 수를 □로 나타내면
(처음에 있던 우표 수)+□=(전체 우표 수)
4+□=10, □=6

답 구하기 6 장

3 지우네 집에 마카롱이 10개가 있었습니다. 가족들이 몇 개를 먹었더니 7개가 남았습니다. 가족들이 먹은 마카롱은 몇 개입니까?

문제 이해하기 마카롱이 7개가 남도록 /으로 지워 보면

식 세우기 먹은 마카롱 수를 □로 나타내면
(처음에 있던 마카롱 수)-□=(남은 마카롱 수)
10-□=7, □=3

답 구하기 3 개

80

게임있는 수학놀이터 비눗방울 덧셈

비눗방울 하나에 적힌 수의 합은 모두 같아요.
비눗방울 안에 알맞은 수를 써 주세요.

3+12=15
8+7=15   12   3
8 7   5
7+□+3=15
→ □=5

9+6=15
9   5   4   11
6+5+□=15   □+11=15
→ □=4   → □=4

82

4/4 계산 결과의 크기 비교

교과서 세 수의 덧셈과 뺄셈

2+1+2와 9−2−1의 계산 결과의 크기를 비교할 때에는
❶ 각 식을 계산한 다음,
❷ 계산 결과의 크기를 비교합니다.

$$2+1+2=5 \bigcirc\!\!\!< 9-2-1=6$$
3
5
7
6

실력 확인하기

계산 결과의 크기를 비교하여 ○ 안에 >, <를 알맞게 써넣으시오.

1 1+2+3 ⓒ< 5+1+2
=6   =8

2 3+4+1 ⓒ> 2+2+3
=8   =7

3 2+8+1 ⓒ< 3+1+9
=11   =13

4 7+5+5 ⓒ> 4+6+4
=17   =14

5 7−2−2 ⓒ> 5−1−2
=3   =2
=2   =3

6 8−6−1 ⓒ< 7−1−3
=1   =3

7 9−4−3 ⓒ< 6−1−2
=2   =3

8 2+4+1 ⓒ> 8−3−1
=7   =4

83

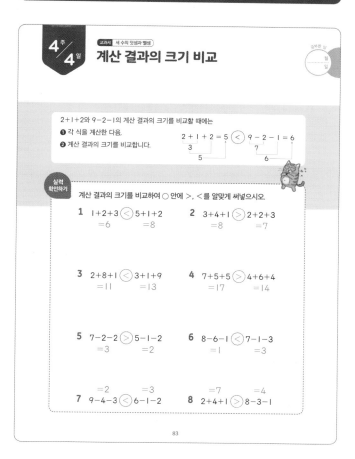

1 예지와 승우가 각각 세 수를 말했습니다. 세 수의 합이 더 큰 사람은 누구입니까?

5, 5, 3 (예지)   4, 9, 1 (승우)

문제 이해하기 예지와 승우가 말한 세 수의 합을 구한 다음, 계산 결과의 크기를 비교합니다.

식 세우기
• (예지가 말한 세 수의 합)= 5 + 5 + 3 = 13
• (승우가 말한 세 수의 합)= 4 + 9 + 1 = 14

답 구하기 승우

2 민서와 정훈이가 각각 세 수를 말했습니다. 세 수의 합이 더 작은 사람은 누구입니까?

7, 3, 2 (민서)   6, 1, 4 (정훈)

문제 이해하기 민서와 정훈이가 말한 세 수의 합을 구한 다음, 계산 결과의 크기를 비교합니다.

식 세우기
• (민서가 말한 세 수의 합)
= 7 + 3 + 2 = 12
• (정훈이가 말한 세 수의 합)
= 6 + 1 + 4 = 11

답 구하기 정훈

3 가희와 나희가 3일 동안 색종이로 접은 개구리의 수입니다. 누가 개구리를 더 많이 접었습니까?

	첫째 날	둘째 날	셋째 날
가희	4마리	2마리	1마리
나희	1마리	3마리	5마리

문제 이해하기 가희와 나희가 3일 동안 접은 개구리 수를 구한 다음, 계산 결과의 크기를 비교합니다.

식 세우기
• (가희가 3일 동안 접은 개구리 수)
= 4 + 2 + 1 = 7
• (나희가 3일 동안 접은 개구리 수)
= 1 + 3 + 5 = 9

답 구하기 나희

84

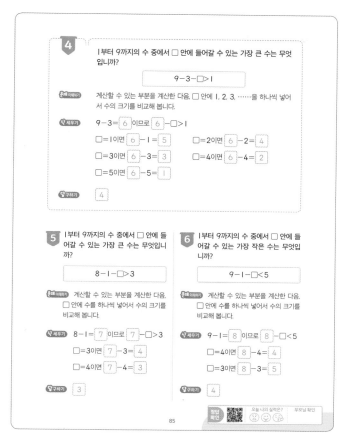

4 1부터 9까지의 수 중에서 □ 안에 들어갈 수 있는 가장 큰 수는 무엇입니까?

9−3−□>1

문제 이해하기 계산할 수 있는 부분을 계산한 다음, □ 안에 1, 2, 3, ……을 하나씩 넣어서 수의 크기를 비교해 봅니다.

식 세우기 9−3= 6 이므로 6 −□>1

□=1이면 6 −1= 5   □=2이면 6 −2= 4
□=3이면 6 −3= 3   □=4이면 6 −4= 2
□=5이면 6 −5= 1

답 구하기 4

5 1부터 9까지의 수 중에서 □ 안에 들어갈 수 있는 가장 큰 수는 무엇입니까?

8−1−□>3

문제 이해하기 계산할 수 있는 부분을 계산한 다음, □ 안에 수를 하나씩 넣어서 수의 크기를 비교해 봅니다.

식 세우기 8−1= 7 이므로 7 −□>3

□=3이면 7 −3= 4
□=4이면 7 −4= 3

답 구하기 3

6 1부터 9까지의 수 중에서 □ 안에 들어갈 수 있는 가장 작은 수는 무엇입니까?

9−1−□<5

문제 이해하기 계산할 수 있는 부분을 계산한 다음, □ 안에 수를 하나씩 넣어서 수의 크기를 비교해 봅니다.

식 세우기 9−1= 8 이므로 8 −□<5

□=4이면 8 −4= 4
□=3이면 8 −3= 5

답 구하기 4

정답 확인   오늘 나의 실력은?   부모님 확인

85

재미있는 수학 놀이터

재미있는 보드 게임

3개의 주사위를 던져 나온 눈의 수의 합만큼 이동하는 게임이에요. 미래와 대한이가 다음과 같이 주사위를 던졌을 때, 최종적으로 미래가 도착한 곳에 ○표, 대한이가 도착한 곳에 △표 하세요. (단, 이동한 칸에서 지시가 있으면 그 지시를 따라야 해요)

4주 5일 교과서 세 수의 덧셈과 뺄셈 단원 마무리

01 준성이와 친구들이 가위바위보를 한 것입니다. 펼친 손가락은 모두 몇 개 입니까?

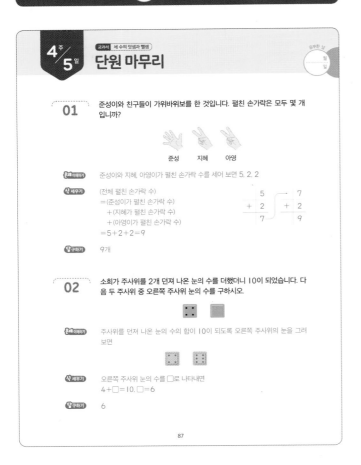

준성 지혜 아영

문제 이해하기 준성이와 지혜, 아영이가 펼친 손가락 수를 세어 보면 5, 2, 2

식 세우기 (전체 펼친 손가락 수)
=(준성이가 펼친 손가락 수)
　+(지혜가 펼친 손가락 수)
　+(아영이가 펼친 손가락 수)
=5+2+2=9

$$\begin{array}{r} 5 \\ +\,2 \\ \hline 7 \end{array} \rightarrow \begin{array}{r} 7 \\ +\,2 \\ \hline 9 \end{array}$$

구하기 9개

02 소희가 주사위를 2개 던져 나온 눈의 수를 더했더니 10이 되었습니다. 다음 두 주사위 중 오른쪽 주사위 눈의 수를 구하시오.

문제 이해하기 주사위를 던져 나온 눈의 수의 합이 10이 되도록 오른쪽 주사위의 눈을 그려 보면

식 세우기 오른쪽 주사위 눈의 수를 □로 나타내면
4+□=10, □=6

구하기 6

87

단원 마무리

03 ▯ 모양에 적힌 수들의 합을 구하시오.

⑤ ② ⑥ ②
④ ① ③ ⑦

문제 이해하기 ▯ 모양에 적힌 수는 5, 1, 3

식 세우기 ▯ 모양에 적힌 수들의 합은 5+1+3=9

구하기 9

04 진성이와 수빈이는 9층에서 엘리베이터를 탔습니다. 진성이는 4층 더 내려가서 내렸고, 수빈이는 진성이보다 3층 더 내려가서 내렸습니다. 수빈이가 내린 층은 몇 층입니까?

문제 이해하기 진성이가 내려간 층수만큼 /으로, 수빈이가 더 내려간 층수만큼 ✕로 지워 보면
◯◯◯◯✕✕✕◯◯

식 세우기 (수빈이가 내린 층수)
=(처음에 탄 층수)−(진성이가 내려간 층수)−(수빈이가 더 내려간 층수)
=9−4−3=2

구하기 2층

05 개구리가 지금까지 3번 뛰어 왼쪽에서 3번째 연잎 위에 앉아 있습니다. 개구리가 오른쪽으로 7번 더 뛴다면 왼쪽에서 몇 번째 연잎 위에 앉게 됩니까?

3부터 이어 세어 보면

3 4 5 6 7 8 9 10

식 세우기 (지금까지 뛴 연잎 수)+(더 뛸 연잎 수)=3+7=10

구하기 10번째

88

---

06 합이 10이 되는 칸을 모두 색칠하고 어떤 글자가 보이는지 써 보시오.

7+3	4+6	3+7
5+4	3+6	6+4
8+1	9+1	7+2
1+9	5+5	8+2

문제 이해하기 더해서 10이 되는 두 수를 모으기를 이용하여 구해 보면

1 9 　 2 8 　 3 7 　 4 6 　 5 5
↓ 　 ↓ 　 ↓ 　 ↓ 　 ↓
10 　 10 　 10 　 10 　 10

구하기

7+3	4+6	3+7
5+4	3+6	6+4
8+1	9+1	7+2
1+9	5+5	8+2

고

07 차를 구하고 보기에서 그 차에 해당하는 글자를 찾아 써 보시오.

보기

1	2	3	4	5	6	7	8	9
금	두	남	라	강	수	산	백	한

10−9=□ → □　　10−4=□ → □

10−5=□ → □　　10−3=□ → □

문제 이해하기 10과 빼는 수를 이용하여 가르기 해 보면

10 　 10 　 10 　 10
╱╲ 　 ╱╲ 　 ╱╲ 　 ╱╲
9 1 　 4 6 　 5 5 　 3 7

구하기 1, 금, 6, 수, 5, 강, 7, 산

89

단원 마무리

08 어떤 수에서 3을 빼야 할 것을 잘못하여 더하였더니 10이 되었습니다. 바르게 계산하면 얼마입니까?

문제 이해하기
· 바른 계산: 어떤 수에서 3을 빼야 합니다.
· 잘못한 계산: 어떤 수에 3을 더했더니 10이 되었습니다.

식 세우기 잘못 계산한 식을 써 보면
(어떤 수)+3=10, (어떤 수)=7
➡ 바르게 계산하면 7−3=4

구하기 4

09 가로(→ 방향), 세로(↓ 방향), 대각선(↘ 또는 ╱ 방향)에 있는 세 수의 합이 모두 같습니다. ㉠, ㉡, ㉢에 알맞은 수를 구하시오.

8	3	㉠
1	5	9
6	㉡	㉢

문제 이해하기 가로(→ 방향)에 있는 세 수 1, 5, 9의 합은 1+5+9=15
➡ 세로(↓ 방향), 대각선(↘ 또는 ╱ 방향)에 있는 세 수의 합도 15

식 세우기 대각선(╱ 방향)에서 ㉠+5+6=15, ㉠+6=10 ➡ ㉠=4
세로(↓ 방향)에서 3+5+㉡=15, 3+㉡=10 ➡ ㉡=7
대각선(↘ 방향)에서 8+5+㉢=15, 8+㉢=10 ➡ ㉢=2

구하기 ㉠=4, ㉡=7, ㉢=2

10 1부터 9까지의 수 중에서 □ 안에 들어갈 수 있는 가장 작은 수는 무엇입니까?

7+6+3<□+8+2

문제 이해하기 계산할 수 있는 부분을 계산한 다음, □ 안에 수를 하나씩 넣어서 수의 크기를 비교해 봅니다.

식 세우기 7+6+3=16, 8+2=10이므로 16<□+10
□=6일 때 □+10=6+10=16
□=7일 때 □+10=7+10=17

구하기 7

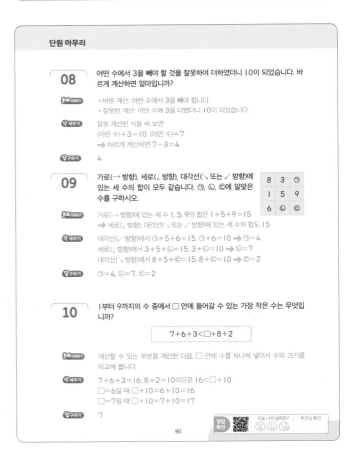

90

20

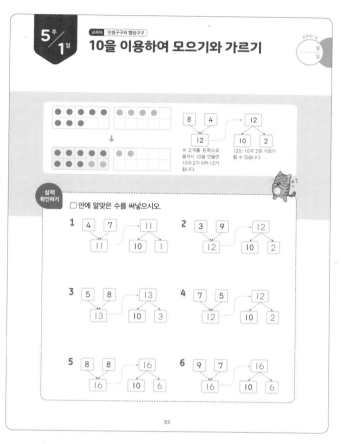

5주/1일

교과서 덧셈구구와 뺄셈구구

10을 이용하여 모으기와 가르기

실력 확인하기

□ 안에 알맞은 수를 써넣으시오.

1 4 7 → 11
   11 10 1

2 3 9 → 12
   12 10 2

3 5 8 → 13
   13 10 3

4 7 5 → 12
   12 10 2

5 8 8 → 16
   16 10 6

6 9 7 → 16
   16 10 6

93

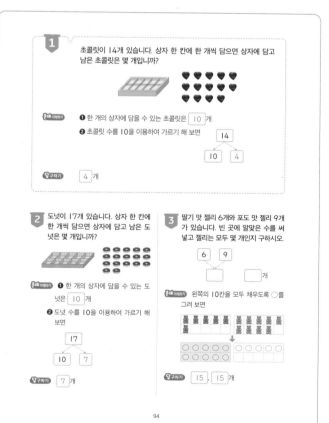

1 초콜릿이 14개 있습니다. 상자 한 칸에 한 개씩 담으면 상자에 담고 남은 초콜릿은 몇 개입니까?

문제 이해하기 ❶ 한 개의 상자에 담을 수 있는 초콜릿은 10 개

❷ 초콜릿 수를 10을 이용하여 가르기 해 보면 14
                                           10 4

구하기 4 개

2 도넛이 17개 있습니다. 상자 한 칸에 한 개씩 담으면 상자에 담고 남은 도넛은 몇 개입니까?

문제 이해하기 ❶ 한 개의 상자에 담을 수 있는 도넛은 10 개

❷ 도넛 수를 10을 이용하여 가르기 해 보면 17
                                          10 7

구하기 7 개

3 딸기 맛 젤리 6개와 포도 맛 젤리 9개가 있습니다. 빈 곳에 알맞은 수를 써넣고 젤리는 모두 몇 개인지 구하시오.

6 9
   □ 개

문제 이해하기 왼쪽의 10칸을 모두 채우도록 ○를 그려 보면

구하기 15   15 개

94

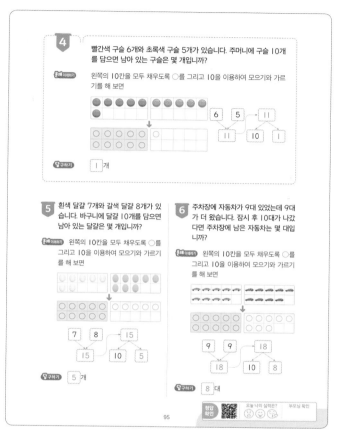

4 빨간색 구슬 6개와 초록색 구슬 5개가 있습니다. 주머니에 구슬 10개를 담으면 남아 있는 구슬은 몇 개입니까?

문제 이해하기 왼쪽의 10칸을 모두 채우도록 ○를 그리고 10을 이용하여 모으기와 가르기를 해 보면

6 5 → 11
   11 10 1

구하기 1 개

5 흰색 달걀 7개와 갈색 달걀 8개가 있습니다. 바구니에 달걀 10개를 담으면 남아 있는 달걀은 몇 개입니까?

문제 이해하기 왼쪽의 10칸을 모두 채우도록 ○를 그리고 10을 이용하여 모으기와 가르기를 해 보면

7 8 → 15
   15 10 5

구하기 5 개

6 주차장에 자동차가 9대 있었는데 9대가 더 왔습니다. 잠시 후 10대가 나갔다면 주차장에 남은 자동차는 몇 대입니까?

문제 이해하기 왼쪽의 10칸을 모두 채우도록 ○를 그리고 10을 이용하여 모으기와 가르기를 해 보면

9 9 → 18
   18 10 8

구하기 8 대

95

재미있는 **수학 놀이터**

상자에 넣지 못하는 공은 몇 개?

운동회에서 공 나르기 게임을 해요.
양쪽 선수들이 오른쪽 상자에 공을 같이 넣으려고 해요.
그런데 상자에는 공이 10개밖에 들어가지 않아요. 양쪽 선수들이 무사히 공을 다 가져갔을 때 상자에 넣지 못하는 공은 몇 개일지 써 보세요.

공: 3개

공: 4개

공: 5개

3+4+5=12

상자에 넣지 못하는 공: 2 개

96

5주 2일 (몇)+(몇)=(십몇) ❶

교과서 덧셈구구와 뺄셈구구

8+7을 계산할 때에는

[방법1] 먼저 8에 2를 더해서 10을 만들고, 10과 남은 5를 더합니다.

8 + 7 = 15
  2   5

[방법2] 먼저 7에 3을 더해서 10을 만들고, 10과 남은 5를 더합니다.

8 + 7 = 15
  5   3

실력 확인하기

□ 안에 알맞은 수를 써넣으시오.

1 7+4=11
      3 1

2 9+5=14
      1 4

3 6+8=14
      4 2

4 7+9=16
      6 1

5 5+6=11

6 9+3=12

---

1 바구니 안에 고구마 8개와 감자 5개가 있습니다. 바구니 안에 있는 고구마와 감자는 모두 몇 개입니까?

문제 이해하기 왼쪽의 10칸을 모두 채우도록 ○를 그려 보면

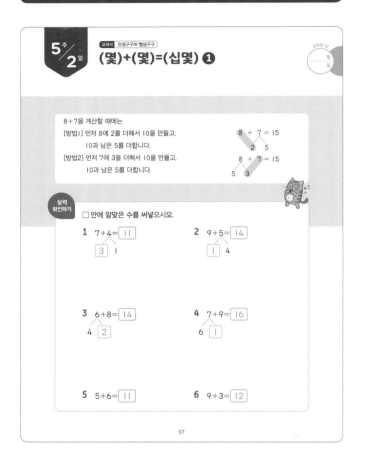

식 세우기 (고구마와 감자 수)=(고구마 수)+(감자 수)
        =8+5=13
           2 3

답구하기 13 개

2 목장에 양 7마리와 돼지 4마리가 있습니다. 목장에 있는 양과 돼지는 모두 몇 마리입니까?

문제 이해하기 왼쪽의 10칸을 모두 채우도록 ○를 그려 보면

식 세우기 (양과 돼지 수)
        =(양 수)+(돼지 수)
        =7+4=11

답구하기 11 마리

3 수지가 타일을 9개 붙인 다음 타일을 더 붙여 빈칸을 모두 채웠습니다. 수지가 붙인 타일은 모두 몇 개입니까?

문제 이해하기 그림에 타일로 빈칸을 채울 때까지 ○를 그려 보면
        → 더 붙인 타일 수는 6 개

식 세우기 (붙인 전체 타일 수)
        =(붙인 타일 수)+(더 붙인 타일 수)
        =9+6=15

답구하기 15 개

---

4 지혜는 문제집을 아침에는 6쪽, 저녁에는 7쪽 풀었습니다. 지혜가 아침과 저녁에 푼 문제집은 모두 몇 쪽입니까?

문제 이해하기 오른쪽의 10칸을 모두 채우도록 ○를 옮겨 그려 보면

식 세우기 (아침과 저녁에 푼 문제집 쪽수)=(아침에 푼 문제집 쪽수)+(저녁에 푼 문제집 쪽수)
        =6+7=13
          3 3

답구하기 13 쪽

5 윤지는 동화책을 어제 5쪽, 오늘 9쪽 읽었습니다. 윤지가 어제와 오늘 읽은 동화책은 모두 몇 쪽입니까?

문제 이해하기 오른쪽의 10칸을 모두 채우도록 ○를 옮겨 그려 보면

식 세우기 (어제와 오늘 읽은 동화책 쪽수)
        =(어제 읽은 동화책 쪽수)
          +(오늘 읽은 동화책 쪽수)
        =5+9=14

답구하기 14 쪽

6 게시판에 그림 7장을 붙인 다음 그림을 더 붙여 빈칸을 채웠습니다. 게시판에 붙인 그림은 모두 몇 장입니까?

문제 이해하기 게시판에 그림으로 빈칸을 채울 때까지 ○를 그려 보면
        → 더 붙인 그림 수는 8 장

식 세우기 (붙인 전체 그림 수)
        =(붙인 그림 수)+(더 붙인 그림 수)
        =7+8=15

답구하기 15 장

정답 확인   오늘 나의 실력은?   부모님 확인

재미있는 수학 놀이터

칭찬 스티커 붙이기

미래는 이틀 동안 부모님한테 받은 칭찬 스티커를 붙이려고 해요. 칭찬 스티커 개수에 따라 부모님이 미래의 소원을 들어준대요. 미래가 몇 개의 소원을 말할 수 있을지 써 보세요.

👍 칭찬해요 👍

10~15개: 소원 1개 들어주기
16~20개: 소원 2개 들어주기

칭찬 스티커를 어제 9개, 오늘 7개 받았네. 이번에는 부모님께 소원을 2 개 말할 수 있겠어.

9+7=16

5주/3일

교과서 덧셈구구와 뺄셈구구

(몇)+(몇)=(십몇) ❷

1

● 모양 과자에 적힌 수의 합을 구하시오.

9 7 3
8 6 5

문제 이해하기 ● 모양 과자에 적힌 수는 9 , 6

식 세우기 ● 모양 과자에 적힌 수의 합은
9 + 6 = 15

답 구하기 15

2 ■ 모양 블록에 적힌 수의 합을 구하시오.

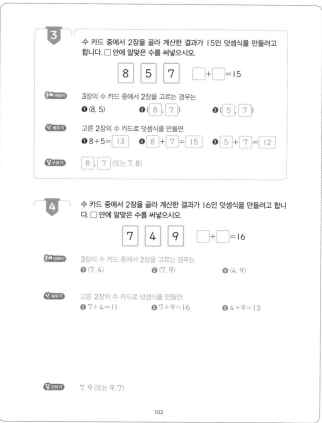

5 2 8
9 7 6

문제 이해하기 ■ 모양 블록에 적힌 수는 5, 7

식 세우기 ■ 모양 블록에 적힌 수의 합은
5+7=12

답 구하기 12

101

---

3 수 카드 중에서 2장을 골라 계산한 결과가 15인 덧셈식을 만들려고
합니다. □ 안에 알맞은 수를 써넣으시오.

8 5 7   □+□=15

문제 이해하기 3장의 수 카드 중에서 2장을 고르는 경우는
❶ (8, 5)   ❷ (8, 7)   ❸ (5, 7)

식 세우기 고른 2장의 수 카드로 덧셈식을 만들면
❶ 8+5= 13   ❷ 8+ 7 =15   ❸ 5 + 7 =12

답 구하기 8 , 7 (또는 7, 8)

4 수 카드 중에서 2장을 골라 계산한 결과가 16인 덧셈식을 만들려고 합니
다. □ 안에 알맞은 수를 써넣으시오.

7 4 9   □+□=16

문제 이해하기 3장의 수 카드 중에서 2장을 고르는 경우는
❶ (7, 4)   ❷ (7, 9)   ❸ (4, 9)

식 세우기 고른 2장의 수 카드로 덧셈식을 만들면
❶ 7+4=11   ❷ 7+9=16   ❸ 4+9=13

답 구하기 7, 9 (또는 9, 7)

102

---

5 ★이 있는 칸에 들어갈 덧셈식과 합이 같은 덧셈식 2개를 그림에서
찾아 써 보시오.

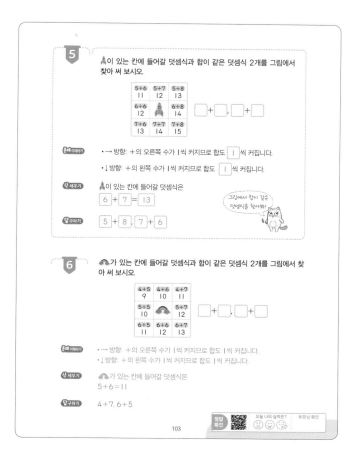

5+6	5+7	5+8
11	12	13
6+6	🚀	6+8
12		14
7+6	7+7	7+8
13	14	15

□+□ , □+□

문제 이해하기 • →방향: +의 오른쪽 수가 1씩 커지므로 합도 1씩 커집니다.
• ↓방향: +의 왼쪽 수가 1씩 커지므로 합도 1씩 커집니다.

식 세우기 ★이 있는 칸에 들어갈 덧셈식은
6 + 7 = 13

그림에서 합이 같은
덧셈식을 찾아봐!

답 구하기 5 + 8 , 7 + 6

6 ☁가 있는 칸에 들어갈 덧셈식과 합이 같은 덧셈식 2개를 그림에서 찾
아 써 보시오.

4+5	4+6	4+7
9	10	11
5+5	☁	5+7
10		12
6+5	6+6	6+7
11	12	13

□+□ , □+□

문제 이해하기 • →방향: +의 오른쪽 수가 1씩 커지므로 합도 1씩 커집니다.
• ↓방향: +의 왼쪽 수가 1씩 커지므로 합도 1씩 커집니다.

식 세우기 ☁가 있는 칸에 들어갈 덧셈식은
5+6=11

답 구하기 4+7, 6+5

정답확인   오늘 나의 실력은?   부모님 확인

103

재미있는
수학놀이터   암호를 풀어라!

왕자가 인어 공주에게 쪽지를 받았어요.
쪽지에 적힌 문제를 풀고, 그 수에 해당하는 글자를 차례대로 쓰면 인어 공
주의 마음을 알 수 있어요. 인어 공주가 하고 싶었던 말을 써 주세요.

11	12	13	14	15	16	17	18	19
달	해	구	친	랑	나	너	우	리

9+7	8+7	7+7	6+7	5+7
16	15	14	13	12

아, 인어 공주님은
나 랑 친 구 해 라고
말하신 거구나.

104

23

5주 4일 · 교과서 덧셈구구와 뺄셈구구

(십몇)-(몇)=(몇) ❶

13-5를 계산할 때에는

[방법1] 5를 3과 2로 가르기 한 후,　　　　　　13 - 5 = 8
　　　13에서 3을 빼고 남은 10에서 2를 뺍니다.　　3 2

[방법2] 13을 10과 3으로 가르기 한 후,　　　　　13 - 5 = 8
　　　10에서 먼저 5를 빼고 남은 5와 3을 더합니다.　10 3

실력 확인하기

□ 안에 알맞은 수를 써넣으시오.

1 11-7= 4
　　　 1 6

2 14-5= 9
　　　 4 1

3 12-5= 7
　　10 2

4 17-8= 9
　　10 7

5 15-8= 7

6 17-9= 8

---

1 지윤이는 송편 14개 중에서 5개를 먹었습니다. 남은 송편은 몇 개입니까?

문제 이해하기　먹은 송편 수만큼 /으로 지워 보면

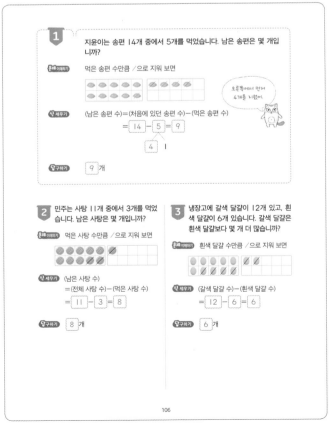

오른쪽에서 먼저 4개를 지웠어.

식 세우기　(남은 송편 수)=(처음에 있던 송편 수)-(먹은 송편 수)
　　　　　= 14 - 5 = 9
　　　　　　　4 1

답 구하기　 9 개

2 민주는 사탕 11개 중에서 3개를 먹었습니다. 남은 사탕은 몇 개입니까?

문제 이해하기　먹은 사탕 수만큼 /으로 지워 보면

식 세우기　(남은 사탕 수)
　　　　=(전체 사탕 수)-(먹은 사탕 수)
　　　　= 11 - 3 = 8

답 구하기　 8 개

3 냉장고에 갈색 달걀이 12개 있고, 흰색 달걀이 6개 있습니다. 갈색 달걀은 흰색 달걀보다 몇 개 더 많습니까?

문제 이해하기　흰색 달걀 수만큼 /으로 지워 보면

식 세우기　(갈색 달걀 수)-(흰색 달걀 수)
　　　　= 12 - 6 = 6

답 구하기　 6 개

---

4 꽃밭에 나비가 13마리 있었는데 8마리가 날아갔습니다. 꽃밭에 남은 나비는 몇 마리입니까?

문제 이해하기　날아간 나비 수만큼 왼쪽에서 /으로 지워 보면

식 세우기　(남은 나비 수)=(처음에 있던 나비 수)-(날아간 나비 수)
　　　　　= 13 - 8 = 5
　　　　　　　10 3

답 구하기　 5 마리

5 주머니에 구슬 15개가 들어 있었는데 9개를 꺼냈습니다. 주머니에 남은 구슬은 몇 개입니까?

문제 이해하기　꺼낸 구슬 수만큼 왼쪽에서 /으로 지워 보면

식 세우기　(주머니에 남은 구슬 수)
　　　　=(처음에 들어 있던 구슬 수)
　　　　　-(꺼낸 구슬 수)
　　　　= 15 - 9 = 6

답 구하기　 6 개

6 선생님께서 어린이 16명에게 풍선을 한 개씩 나누어 주려고 합니다. 선생님께서 풍선 7개를 가지고 있다면 풍선은 몇 개 더 필요합니까?

문제 이해하기　가지고 있는 풍선 수만큼 왼쪽에서 /으로 지워 보면

식 세우기　(더 필요한 풍선 수)
　　　　=(전체 어린이 수)
　　　　　-(가지고 있는 풍선 수)
　　　　= 16 - 7 = 9

답 구하기　 9 개

재미있는 수학 놀이터

뺄셈 기차를 완성하라!

기차 조각을 연결해야 기차가 출발할 수 있어요.
먼저 출발한 사랑 기차를 보고, 행복 기차도 조각을 선으로 이어 출발시켜 주세요.

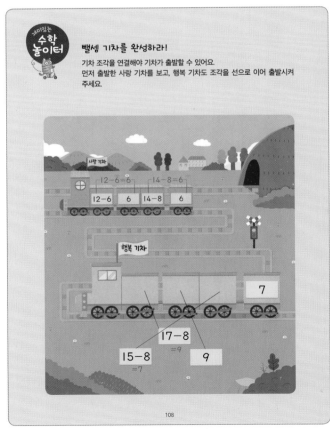

24

5주 / 5일 교과서 덧셈구구와 뺄셈구구

(십몇)-(몇)=(몇) ❷

1 그림을 보고 뺄셈식을 만들어 보시오.

□ - □ = □

문제 이해하기 도넛과 우유 수를 각각 세어 보면
도넛은 13 개, 우유는 6 개

식 세우기 (도넛 수)-(우유 수)
= 13 - 6 = 7

답구하기 13 - 6 = 7

2 그림을 보고 뺄셈식을 만들어 보시오.

□ - □ = □

문제 이해하기 야구공과 야구 모자 수를 각각 세어 보면
야구공은 11개, 야구 모자 수는 7개

식 세우기 (야구공 수)-(야구 모자 수)
= 11-7=4

답구하기 11-7=4

109

3 오른쪽 그림과 같은 과녁이 있습니다. 빨간색 부분을 맞히면 점수를 얻고, 파란색 부분을 맞히면 점수를 잃습니다. 민수가 화살 2개를 맞혔을 때, 민수의 점수는 몇 점입니까?

9 · 7
18 16
15 17
6 · 8

민수 : 나는 18과 9를 맞혔어.

문제 이해하기 민수가 맞힌 점수 중에서
18은 빨간색 부분이므로 (더하는 , 빼는) 수
9는 파란색 부분이므로 (더하는 , 빼는) 수

식 세우기 민수의 점수는
18 - 9 = 9

답구하기 9 점

4 3번의 과녁에 승희가 화살 2개를 맞혔습니다. 승희의 점수는 몇 점입니까?

승희 : 나는 15와 8을 맞혔어.

문제 이해하기 승희가 맞힌 점수 중에서
15는 빨간색 부분이므로 더하는 수
8은 파란색 부분이므로 빼는 수

식 세우기 승희의 점수는
15-8=7

답구하기 7점

110

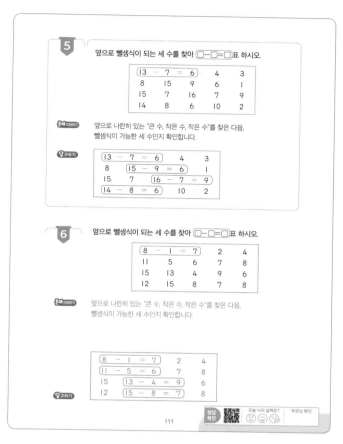

5 옆으로 뺄셈식이 되는 세 수를 찾아 □-□=□표 하시오.

13 - 7 = 6	4	3
8	15	9	6	1
15	7	16	7	9
14	8	6	10	2

문제 이해하기 옆으로 나란히 있는 "큰 수, 작은 수, 작은 수"를 찾은 다음, 뺄셈식이 가능한 세 수인지 확인합니다.

답구하기

13 - 7 = 6	4	3
8	15 - 9 = 6	1
15	7	16 - 7 = 9
14 - 8 = 6	10	2

6 옆으로 뺄셈식이 되는 세 수를 찾아 □-□=□표 하시오.

8 - 1 = 7	2	4
11	5	6	7	8
15	13	4	9	6
12	15	8	7	8

문제 이해하기 옆으로 나란히 있는 "큰 수, 작은 수, 작은 수"를 찾은 다음, 뺄셈식이 가능한 세 수인지 확인합니다.

8 - 1 = 7	2	4
11 - 5 = 6	7	8
15	13 - 4 = 9	6
12	15 - 8 = 7	8

답구하기

111

재미있는 **수학 놀이터**

달리기 미션 성공하기

미래는 '미션 성공! 달리기'를 하고 있어요.
쪽지에 적힌 두 선수를 찾아 선으로 이어 주세요.

선수 번호의 차가 가장 큰 선수 두 명을 데려 오세요.

두 수의 차가 가장 크려면 가장 큰 수에서
가장 작은 수를 빼야 합니다.

112

6주/1일 · 교과서 덧셈구구와 뺄셈구구

계산 결과의 크기 비교

5+6과 8+4의 계산 결과의 크기를 비교할 때에는
❶ 각 식을 계산한 다음,
❷ 계산 결과의 크기를 비교합니다.

➡ $5 + 6 = 11$ $<$ $8 + 4 = 12$

실력 확인하기
계산 결과의 크기를 비교하여 ○ 안에 >, <를 알맞게 써넣으시오.

1 $2+9 < 5+7$
$=11$ $=12$

2 $3+8 < 6+6$
$=11$ $=12$

3 $8+7 > 9+3$
$=15$ $=12$

4 $7+6 < 8+6$
$=13$ $=14$

5 $11-4 < 14-6$
$=7$ $=8$
$=7$ $=8$

6 $13-9 < 15-7$
$=4$ $=8$
$=9$ $=7$

7 $12-5 < 16-8$

8 $18-9 > 14-7$

113

---

1 수 카드로 덧셈 놀이를 하고 있습니다. 수 카드에 적힌 두 수의 합이 더 큰 어린이는 누구입니까?

9	3		7	6
우진			채영

문제 이해하기 우진이와 채영이의 수 카드에 적힌 수를 각각 더한 다음, 계산 결과의 크기를 비교합니다.

식 세우기
• (우진이의 수 카드에 적힌 수의 합)=9+3= 12
• (채영이의 수 카드에 적힌 수의 합)=7+6= 13

답구하기 채영

2 수 카드로 덧셈 놀이를 하고 있습니다. 수 카드에 적힌 두 수의 합이 더 큰 어린이는 누구입니까?

4	8		5	6
진서			선주

문제 이해하기 진서와 선주의 수 카드에 적힌 수를 각각 더한 다음, 계산 결과의 크기를 비교합니다.

식 세우기
• (진서의 수 카드에 적힌 수의 합)
=4+8= 12
• (선주의 수 카드에 적힌 수의 합)
=5+6= 11

답구하기 진서

3 공에 적힌 두 수의 차가 더 큰 사람이 이기는 놀이를 하였습니다. 누가 이겼습니까?

11	3		12	5
세인			준혁

문제 이해하기 세인이와 준혁이의 공에 적힌 두 수 중에서 큰 수에서 작은 수를 각각 뺀 다음, 계산 결과의 크기를 비교합니다.

식 세우기
• (세인이의 공에 적힌 수의 차)
= 11 - 3 = 8
• (준혁이의 공에 적힌 수의 차)
= 12 - 5 = 7

답구하기 세인

114

---

4 1부터 9까지의 수 중에서 □ 안에 들어갈 수 있는 가장 큰 수는 무엇입니까?

$$15-7>5+\square$$

문제 이해하기 계산할 수 있는 부분을 계산한 다음, □ 안에 수를 하나씩 넣어서 수의 크기를 비교해 봅니다.

식 세우기 $15-7=$ 8 이므로 8 $>5+\square$

□=1이면 5+ 1 = 6 □=2이면 5+ 2 = 7

□=3이면 5+ 3 = 8

답구하기 2

5 1부터 9까지의 수 중에서 □ 안에 들어갈 수 있는 가장 큰 수는 무엇입니까?

$$14-8>2+\square$$

문제 이해하기 계산할 수 있는 부분을 계산한 다음, □ 안에 수를 하나씩 넣어서 수의 크기를 비교해 봅니다.

식 세우기 $14-8=$ 6 이므로 6 $>2+\square$

□=3이면 2+ 3 = 5

□=4이면 2+ 4 = 6

답구하기 3

6 1부터 9까지의 수 중에서 □ 안에 들어갈 수 있는 수는 모두 몇 개입니까?

$$16-\square<9$$

문제 이해하기 계산할 수 있는 부분을 계산한 다음, □ 안에 수를 하나씩 넣어서 수의 크기를 비교해 봅니다.

식 세우기 □=9이면 16- 9 = 7

□=8이면 16- 8 = 8

□=7이면 16- 7 = 9

➡□= 9 , 8

답구하기 2 개

115

재미있는 수학 놀이터

구슬 나누어 주기

수아 동생이 구슬이 적다고 슬퍼하고 있어요. 그래서 수아와 태준이가 수아 동생에게 구슬을 나누어 주려고 해요. 다음과 같이 구슬을 나누어 줬을 때 수아 동생이 가지게 될 구슬 수를 적고, 수아, 수아 동생, 태준 중 구슬을 가장 적게 가지고 있는 사람에게 ○표 하세요.

내 것에서 5개를 줄게. 13-5=8
난 2개를 줄게. 11-2=9
와, 나는 12 개가 되겠네. 5+5+2=12
수아
수아 동생
태준
13개
5개
11개

116

6주 / 2일

교과서 덧셈구구와 뺄셈구구

단원 마무리

01 10을 이용하여 모으기와 가르기를 해 보시오.

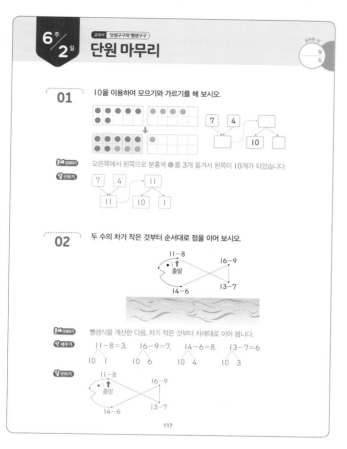

문제 이해하기 오른쪽에서 왼쪽으로 분홍색 ●를 3개 옮겨서 왼쪽이 10개가 되었습니다.

02 두 수의 차가 작은 것부터 순서대로 점을 이어 보시오.

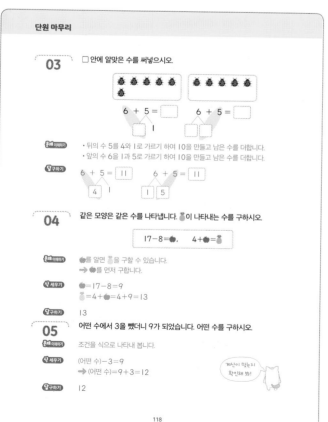

문제 이해하기 뺄셈식을 계산한 다음, 차가 작은 것부터 차례로 이어 봅니다.

식 세우기 11-8=3, 16-9=7, 14-6=8, 13-7=6
10 1 10 6 10 4 10 3

117

단원 마무리

03 □ 안에 알맞은 수를 써넣으시오.

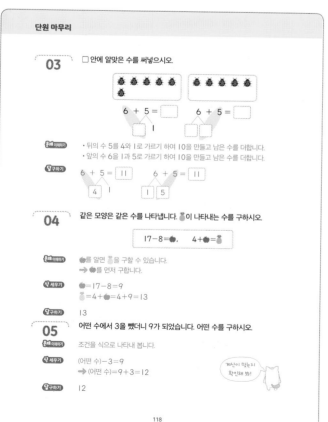

6 + 5 = □   6 + 5 = □
        1

문제 이해하기
• 뒤의 수 5를 4와 1로 가르기 하여 10을 만들고 남은 수를 더합니다.
• 앞의 수 6을 1과 5로 가르기 하여 10을 만들고 남은 수를 더합니다.

답 구하기
6 + 5 = 11   6 + 5 = 11
    4   1 5

04 같은 모양은 같은 수를 나타냅니다. ▯이 나타내는 수를 구하시오.

17-8=●,   4+●=▮

문제 이해하기 ●를 알면 ▮를 구할 수 있습니다.
➡ ●를 먼저 구합니다.

식 세우기 ●=17-8=9
▮=4+●=4+9=13

답 구하기 13

05 어떤 수에서 3을 뺐더니 9가 되었습니다. 어떤 수를 구하시오.

문제 이해하기 조건을 식으로 나타내 봅니다.

식 세우기 (어떤 수)-3=9
➡ (어떤 수)=9+3=12

답 구하기 12

118

교과서 덧셈구구와 뺄셈구구

06 옆으로 덧셈식이 되는 세 수를 찾아 □+□=□ 표 하시오.

5	+	4	=	9	7	5
2		3		7	4	11
7		8		8	16	17
6		7		13	14	9

문제 이해하기 옆으로 나란히 있는 "작은 수, 작은 수, 큰 수"를 찾은 다음, 덧셈식이 가능한 세 수인지 확인합니다.

답 구하기
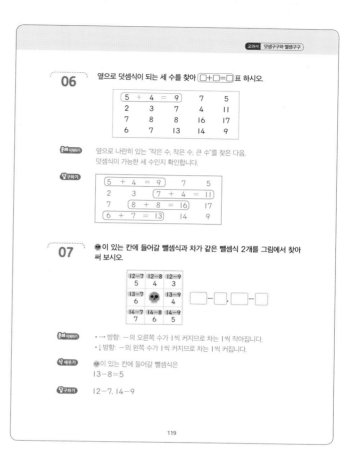

07 ☠이 있는 칸에 들어갈 뺄셈식과 차가 같은 뺄셈식 2개를 그림에서 찾아 써 보시오.

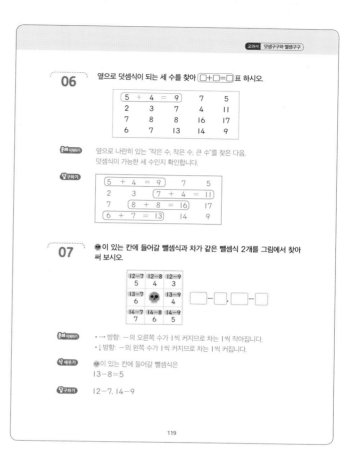

문제 이해하기
• → 방향: -의 오른쪽 수가 1씩 커지므로 차는 1씩 작아집니다.
• ↓ 방향: -의 왼쪽 수가 1씩 커지므로 차는 1씩 커집니다.

식 세우기 ☠이 있는 칸에 들어갈 뺄셈식은
13-8=5

답 구하기 12-7, 14-9

119

단원 마무리

08 수 카드 중에서 2장을 골라 합을 구하려고 합니다. 합이 가장 클 때의 합에서 합이 가장 작을 때의 합을 빼면 얼마인지 구하시오.

| 7 | 6 | 8 | 5 | 4 |

문제 이해하기
• 수 카드에 적힌 수의 크기를 비교해 보면 4<5<6<7<8
• 합이 가장 클 때에는 (가장 큰 수)+(두 번째로 큰 수)
• 합이 가장 작을 때에는 (가장 작은 수)+(두 번째로 작은 수)

식 세우기
(합이 가장 클 때의 합)=8+7=15
(합이 가장 작을 때의 합)=4+5=9
➡ (합이 가장 클 때의 합)-(합이 가장 작을 때의 합)=15-9=6

답 구하기 6

09 1부터 9까지의 수 중에서 □ 안에 들어갈 수 있는 수는 모두 몇 개인지 구하시오.

9+□>8+7

문제 이해하기 계산할 수 있는 부분을 계산한 다음, □ 안에 수를 하나씩 넣어서 수의 크기를 비교해 봅니다.

식 세우기
8+7=15이므로 9+□>15
□=9이면 9+9=18, □=8이면 9+8=17,
□=7이면 9+7=16, □=6이면 9+6=15

답 구하기 3개

10 꺼낸 공에 적힌 두 수의 합이 크면 이기는 놀이를 하고 있습니다. 어떤 수의 공을 꺼내야 진영이가 이길 수 있습니까?

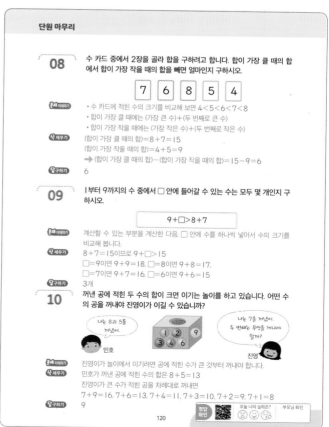

문제 이해하기 진영이가 놀이에서 이기려면 공에 적힌 수가 큰 것부터 꺼내야 합니다.

식 세우기
민호가 꺼낸 공에 적힌 수의 합은 8+5=13
진영이가 큰 수가 적힌 공을 차례대로 꺼내면
7+9=16, 7+6=13, 7+4=11, 7+3=10, 7+2=9, 7+1=8

답 구하기 9

120

6주 3일 교과서 덧셈과 뺄셈

받아올림이 없는 (두 자리 수)+(한 자리 수) ❶

21+3을 계산할 때에는,
❶ 낱개의 수끼리 더한 다음,
❷ 10개씩 묶음의 수를 그대로 내려 씁니다.

$$\begin{array}{r} 2\ 1 \\ +\ \ 3 \\ \hline 4 \end{array} \Rightarrow \begin{array}{r} 2\ 1 \\ +\ \ 3 \\ \hline 2\ 4 \end{array}$$

실력 확인하기

덧셈을 하시오.

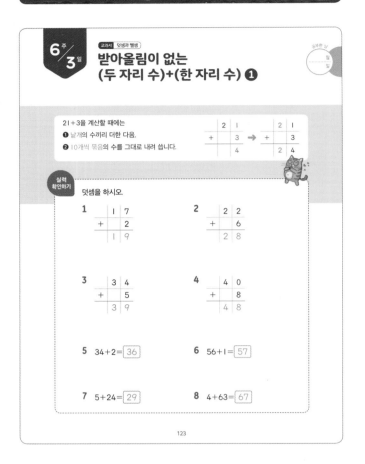

1
$$\begin{array}{r} 1\ 7 \\ +\ \ 2 \\ \hline 1\ 9 \end{array}$$

2
$$\begin{array}{r} 2\ 2 \\ +\ \ 6 \\ \hline 2\ 8 \end{array}$$

3
$$\begin{array}{r} 3\ 4 \\ +\ \ 5 \\ \hline 3\ 9 \end{array}$$

4
$$\begin{array}{r} 4\ 0 \\ +\ \ 8 \\ \hline 4\ 8 \end{array}$$

5 34+2= 36

6 56+1= 57

7 5+24= 29

8 4+63= 67

123

1 갈색 달걀 26개와 흰색 달걀 3개가 있습니다. 달걀은 모두 몇 개입니까?

문제 이해하기 흰색 달걀 수만큼 ○를 그려 보면

(전체 달걀 수)=(갈색 달걀 수)+(흰색 달걀 수)
= 26 + 3 = 29

$$\begin{array}{r} 2\ 6 \\ +\ \ 3 \\ \hline 2\ 9 \end{array}$$

답구하기 29 개

2 바구니 안에 알사탕 32개와 막대 사탕 6개가 있습니다. 바구니 안에 있는 알사탕과 막대 사탕은 모두 몇 개입니까?

문제 이해하기 막대 사탕 수만큼 ○를 그려 보면

식 세우기 (알사탕과 막대 사탕 수)
=(알사탕 수)+(막대 사탕 수)
= 32 + 6 = 38

답구하기 38 개

3 목장에 말이 21마리 있었습니다. 오늘 말 4마리가 더 태어났습니다. 말은 모두 몇 마리입니까?

문제 이해하기 더 태어난 말 수만큼 ○를 그려 보면

식 세우기 (전체 말 수)
=(처음에 있던 말 수)
+(더 태어난 말 수)
= 21 + 4 = 25

답구하기 25 마리

124

4 덧셈을 해 보고 다음에 올 덧셈식을 써 보시오.

53+1= , 53+2= , 53+3= , + =

문제 이해하기 53부터 이어 세어 보면

53 ─ 54 ─ 55 ─ 56 ─ 57

답구하기 (왼쪽에서부터) 54 , 55 , 56 , 53 + 4 = 57

5 덧셈을 해 보고 다음에 올 덧셈식을 써 보시오.

25+1= , 25+2= ,
25+3= , + =

문제 이해하기 25부터 이어 세어 보면

25 ─ 26 ─ 27 ─ 28 ─ 29

답구하기 (위에서부터) 26 , 27 , 28
25 + 4 = 29

6 덧셈을 하고 □ 안에 알맞은 수를 써 넣으시오.

70+1= , 70+2= ,
70+3=

합이 □씩 커집니다.

문제 이해하기 70부터 이어 세어 보면

70 ─ 71 ─ 72 ─ 73

답구하기 (위에서부터) 71 , 72 , 73

1

정답확인   오늘 나의 실력은?   부모님 확인

125

재미있는 수학 놀이터

생일 케이크 완성하기

수정이와 찬이가 블록 놀이를 하고 있어요.
수정이는 블록으로 생일 케이크를 만들고 있는데, 완성하려면 찬이네 블록 가게에서 블록 2개를 사야 한대요. 블록에는 포인트가 정해져 있네요. 수정이가 케이크를 완성하려면 몇 포인트가 필요한지 써 보세요.

○: 생일 케이크를 완성하는 데 필요한 블록
➡ 4+34=38

찬이네 블록 가게에서 필요한 블록 2개를 사려면 38 포인트가 필요해.

126

6주 4일

교과서 덧셈과 뺄셈

받아올림이 없는
(두 자리 수)+(한 자리 수) ❷

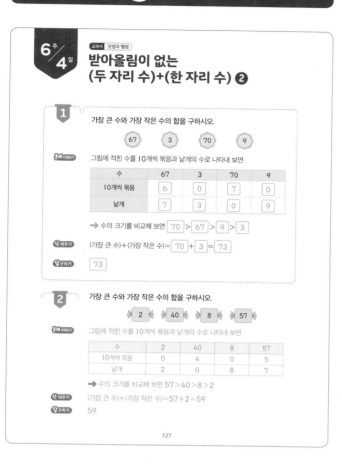

1 가장 큰 수와 가장 작은 수의 합을 구하시오.

67   3   70   9

문제 이해하기 그림에 적힌 수를 10개씩 묶음과 낱개의 수로 나타내 보면

수	67	3	70	9
10개씩 묶음	6	0	7	0
낱개	7	3	0	9

➡ 수의 크기를 비교해 보면 70 > 67 > 9 > 3

식 세우기 (가장 큰 수)+(가장 작은 수)= 70 + 3 = 73

답 구하기 73

2 가장 큰 수와 가장 작은 수의 합을 구하시오.

2   40   8   57

문제 이해하기 그림에 적힌 수를 10개씩 묶음과 낱개의 수로 나타내 보면

수	2	40	8	57
10개씩 묶음	0	4	0	5
낱개	2	0	8	7

➡ 수의 크기를 비교해 보면 57 > 40 > 8 > 2

식 세우기 (가장 큰 수)+(가장 작은 수)=57+2=59

답 구하기 59

127

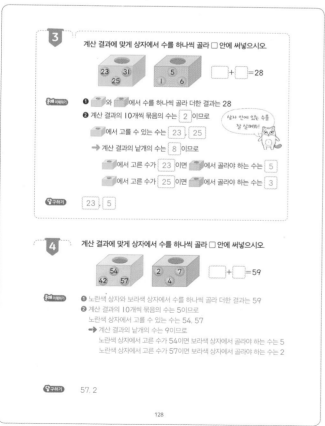

3 계산 결과에 맞게 상자에서 수를 하나씩 골라 ☐ 안에 써넣으시오.

23 31 25   5 1 6   ☐+☐=28

문제 이해하기 ❶ ☐와 ☐에서 수를 하나씩 골라 더한 결과는 28

❷ 계산 결과의 10개씩 묶음의 수는 2 이므로

☐에서 고를 수 있는 수는 23 , 25

➡ 계산 결과의 낱개의 수는 8 이므로

☐에서 고른 수가 23 이면 ☐에서 골라야 하는 수는 5

☐에서 고른 수가 25 이면 ☐에서 골라야 하는 수는 3

답 구하기 23 , 5

4 계산 결과에 맞게 상자에서 수를 하나씩 골라 ☐ 안에 써넣으시오.

54 42 57   2 7 4   ☐+☐=59

문제 이해하기 ❶ 노란색 상자와 보라색 상자에서 수를 하나씩 골라 더한 결과는 59

❷ 계산 결과의 10개씩 묶음의 수는 5이므로
노란색 상자에서 고를 수 있는 수는 54, 57

➡ 계산 결과의 낱개의 수는 9이므로
노란색 상자에서 고른 수가 54이면 보라색 상자에서 골라야 하는 수는 5
노란색 상자에서 고른 수가 57이면 보라색 상자에서 골라야 하는 수는 2

답 구하기 57, 2

128

5 수 카드를 한 번씩만 사용하여 가장 큰 몇십몇을 만들었습니다. 이 수와
남은 수 카드의 수의 합은 얼마입니까?

7   2   4

문제 이해하기 ❶ 수 카드에 적힌 세 수의 크기를 비교해 보면

2 < 4 < 7

❷ 가장 큰 몇십몇을 만들 때에는

10개씩 묶음의 수에 가장 큰 수인 7 을 놓고,

낱개의 수에 둘째로 큰 수인 4 를 놓습니다.

10개씩 묶음의 수가 클수록 큰 수야!

식 세우기 (가장 큰 몇십몇)+(남은 수 카드의 수)

= 74 + 2 = 76

답 구하기 76

6 수 카드를 한 번씩만 사용하여 가장 큰 몇십몇을 만들었습니다. 이 수와
남은 수 카드의 수의 합은 얼마입니까?

3   8   1

문제 이해하기 ❶ 수 카드에 적힌 세 수의 크기를 비교해 보면

1 < 3 < 8

❷ 가장 큰 몇십몇을 만들 때에는
10개씩 묶음의 수에 가장 큰 수인 8을 놓고,
낱개의 수에 둘째로 큰 수인 3을 놓습니다.

식 세우기 (가장 큰 몇십몇)+(남은 수 카드의 수)
=83+1=84

답 구하기 84

129

게임하는 **수학 놀이터**

암호를 찾아라!

친구들이 방 탈출 게임을 하고 있어요.
비밀번호를 알아야 문을 열 수 있대요.
친구들이 힌트를 찾아주었어요. 힌트를 보고 비밀번호를 써 주세요.

〈힌트 1〉
4장의 수 카드 중 짝수는 짝수끼리, 홀수는 홀수끼리 더해 주세요. 단, 카드는 한 번씩만 사용이 가능합니다.

〈힌트 2〉
비밀번호는 〈힌트 1〉에서 계산 결과가 더 큰 수입니다.

21   2   3   24

아하!
비밀번호는 26 이야.

❶ 짝수는 2, 24, 홀수는 21, 3

❷ (두 짝수의 합)=2+24=26
(두 홀수의 합)=21+3=24

➡ 24 < 26

130

6주 5일 받아올림이 없는 (두 자리 수)+(두 자리 수) ❶

교과서 덧셈과 뺄셈

공부한 날
월 일

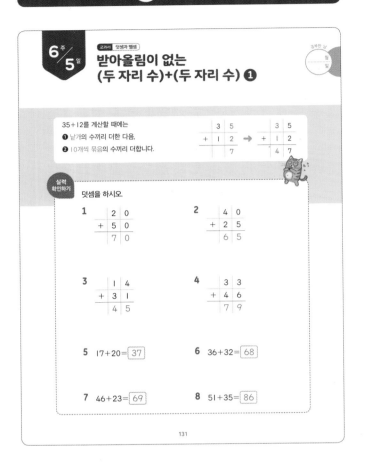

35+12를 계산할 때에는
❶ 낱개의 수끼리 더한 다음,
❷ 10개씩 묶음의 수끼리 더합니다.

```
  3 5        3 5
+ 1 2   ➡  + 1 2
    7        4 7
```

실력 확인하기

덧셈을 하시오.

1
```
  2 0
+ 5 0
  7 0
```

2
```
  4 0
+ 2 5
  6 5
```

3
```
  1 4
+ 3 1
  4 5
```

4
```
  3 3
+ 4 6
  7 9
```

5 17+20 = [37]

6 36+32 = [68]

7 46+23 = [69]

8 51+35 = [86]

131

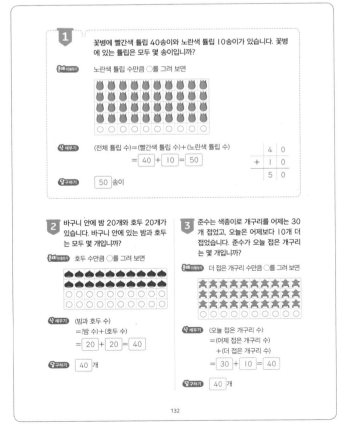

1 꽃병에 빨간색 튤립 40송이와 노란색 튤립 10송이가 있습니다. 꽃병에 있는 튤립은 모두 몇 송이입니까?

문제 이해하기 노란색 튤립 수만큼 ○를 그려 보면

식 세우기 (전체 튤립 수)=(빨간색 튤립 수)+(노란색 튤립 수)
= [40] + [10] = [50]

```
  4 0
+ 1 0
  5 0
```

답 구하기 [50] 송이

2 바구니 안에 밤 20개와 호두 20개가 있습니다. 바구니 안에 있는 밤과 호두는 모두 몇 개입니까?

문제 이해하기 호두 수만큼 ○를 그려 보면

식 세우기 (밤과 호두 수)
=(밤 수)+(호두 수)
= [20] + [20] = [40]

답 구하기 [40] 개

3 준수는 색종이로 개구리를 어제는 30개 접었고, 오늘은 어제보다 10개 더 접었습니다. 준수가 오늘 접은 개구리는 몇 개입니까?

문제 이해하기 더 접은 개구리 수만큼 ○를 그려 보면

식 세우기 (오늘 접은 개구리 수)
=(어제 접은 개구리 수)
+(더 접은 개구리 수)
= [30] + [10] = [40]

답 구하기 [40] 개

132

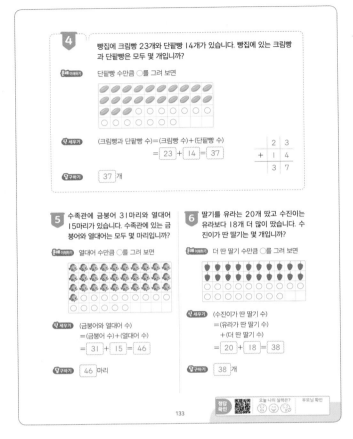

4 빵집에 크림빵 23개와 단팥빵 14개가 있습니다. 빵집에 있는 크림빵과 단팥빵은 모두 몇 개입니까?

문제 이해하기 단팥빵 수만큼 ○를 그려 보면

식 세우기 (크림빵과 단팥빵 수)=(크림빵 수)+(단팥빵 수)
= [23] + [14] = [37]

```
  2 3
+ 1 4
  3 7
```

답 구하기 [37] 개

5 수족관에 금붕어 31마리와 열대어 15마리가 있습니다. 수족관에 있는 금붕어와 열대어는 모두 몇 마리입니까?

문제 이해하기 열대어 수만큼 ○를 그려 보면

식 세우기 (금붕어와 열대어 수)
=(금붕어 수)+(열대어 수)
= [31] + [15] = [46]

답 구하기 [46] 마리

6 딸기를 유라는 20개 땄고 수진이는 유라보다 18개 더 많이 땄습니다. 수진이가 딴 딸기는 몇 개입니까?

문제 이해하기 더 딴 딸기 수만큼 ○를 그려 보면

식 세우기 (수진이가 딴 딸기 수)
=(유라가 딴 딸기 수)
+(더 딴 딸기 수)
= [20] + [18] = [38]

답 구하기 [38] 개

정답 확인 오늘 나의 실력은? 부모님 확인

133

재미있는 수학 놀이터

얼마를 내야 할까요?

토끼가 심부름으로 당근 케이크를 사러 갔어요.
그런데 당근 케이크에는 가격이 적혀 있지 않네요.
안내에 따라 당근 케이크 가격을 계산해 보고, 내야 할 돈만큼 색칠해 보세요.

당근 케이크는 치즈 케이크보다 15원 더 비싸요.

당근 케이크는 얼마예요?

치즈 케이크 30원   당근 케이크

(당근 케이크 가격)=(치즈 케이크 가격)+15
=30+15=45

134

7주 1일 교과서 덧셈과 뺄셈

받아올림이 없는
(두 자리 수)+(두 자리 수) ❷

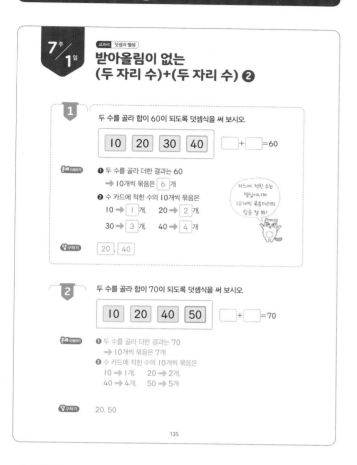

1 두 수를 골라 합이 60이 되도록 덧셈식을 써 보시오.

| 10 | 20 | 30 | 40 | ☐ + ☐ = 60

문제 이해하기

❶ 두 수를 골라 더한 결과는 60
→ 10개씩 묶음은 **6** 개

❷ 수 카드에 적힌 수의 10개씩 묶음은
10 → **1** 개 20 → **2** 개
30 → **3** 개 40 → **4** 개

카드에 적힌 수는 몇십이니까 10개씩 묶음끼리의 합을 잘 봐!

답구하기 **20** **40**

2 두 수를 골라 합이 70이 되도록 덧셈식을 써 보시오.

| 10 | 20 | 40 | 50 | ☐ + ☐ = 70

문제 이해하기

❶ 두 수를 골라 더한 결과는 70
→ 10개씩 묶음은 7개

❷ 수 카드에 적힌 수의 10개씩 묶음은
10 → 1개, 20 → 2개,
40 → 4개, 50 → 5개

답구하기 20, 50

135

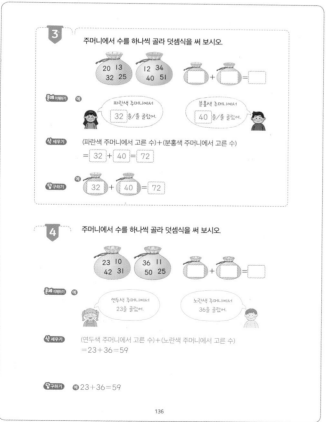

3 주머니에서 수를 하나씩 골라 덧셈식을 써 보시오.

20 13 32 25   12 34 40 51   ☐ + ☐ = ☐

문제 이해하기 예

파란색 주머니에서 **32** 를/을 골랐어.

분홍색 주머니에서 **40** 을/를 골랐어.

식 세우기

(파란색 주머니에서 고른 수)+(분홍색 주머니에서 고른 수)
= **32** + **40** = **72**

답구하기 예 **32** + **40** = **72**

4 주머니에서 수를 하나씩 골라 덧셈식을 써 보시오.

23 10 42 31   36 11 50 25   ☐ + ☐ = ☐

문제 이해하기 예

연두색 주머니에서 23을 골랐어.

노란색 주머니에서 36을 골랐어.

식 세우기

(연두색 주머니에서 고른 수)+(노란색 주머니에서 고른 수)
= 23 + 36 = 59

답구하기 예 23 + 36 = 59

136

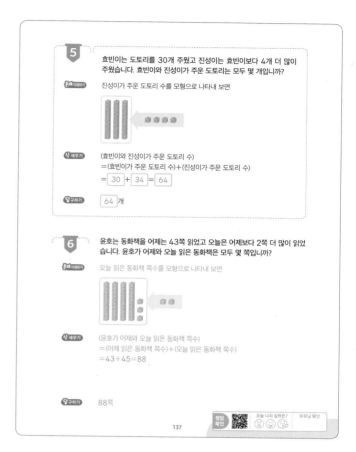

5 효빈이는 도토리를 30개 주웠고 진성이는 효빈이보다 4개 더 많이 주웠습니다. 효빈이와 진성이가 주운 도토리는 모두 몇 개입니까?

문제 이해하기 진성이가 주운 도토리 수를 모형으로 나타내 보면

식 세우기

(효빈이와 진성이가 주운 도토리 수)
=(효빈이가 주운 도토리 수)+(진성이가 주운 도토리 수)
= **30** + **34** = **64**

답구하기 **64** 개

6 윤호는 동화책을 어제는 43쪽 읽었고 오늘은 어제보다 2쪽 더 많이 읽었습니다. 윤호가 어제와 오늘 읽은 동화책은 모두 몇 쪽입니까?

문제 이해하기 오늘 읽은 동화책 쪽수를 모형으로 나타내 보면

식 세우기

(윤호가 어제와 오늘 읽은 동화책 쪽수)
=(어제 읽은 동화책 쪽수)+(오늘 읽은 동화책 쪽수)
=43+45=88

답구하기 88쪽

정답확인 오늘 나의 실력은? 😊😐😟 부모님 확인

137

게임이는 **수학 놀이터**

아인이네 반은 몇 반?

아인이네 학교에서 운동회를 했어요.
총점이 가장 높은 반이 우승인데, 아인이네 반이 우승을 했군요.
각 반의 점수를 합해 총점을 적고, 아인이네 반은 몇 반인지 써 보세요.

1등: 30점 2등: 20점 3등: 15점

	1반	2반	3반
박 터트리기	1등 30점	2등 20점	3등 15점
이어달리기	3등 15점	1등 30점	2등 20점
총점	45 점	50 점	35 점

50 > 45 > 35

아인이네 반: **2** 반

138

31

7주/2일 교과서 덧셈과 뺄셈

그림을 보고 덧셈하기

공부한 날
월 일

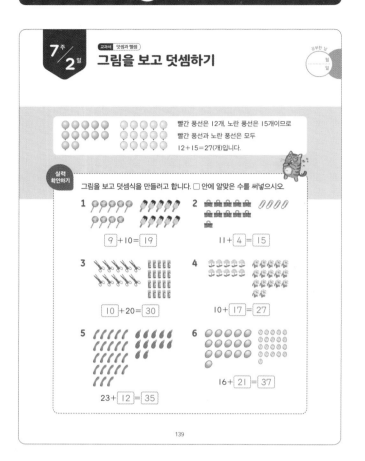

빨간 풍선은 12개, 노란 풍선은 15개이므로 빨간 풍선과 노란 풍선은 모두 12+15=27(개)입니다.

실력
확인하기

그림을 보고 덧셈식을 만들려고 합니다. □ 안에 알맞은 수를 써넣으시오.

1 $\boxed{9}$ +10= $\boxed{19}$

2 11+ $\boxed{4}$ = $\boxed{15}$

3 $\boxed{10}$ +20= $\boxed{30}$

4 10+ $\boxed{17}$ = $\boxed{27}$

5 23+ $\boxed{12}$ = $\boxed{35}$

6 16+ $\boxed{21}$ = $\boxed{37}$

139

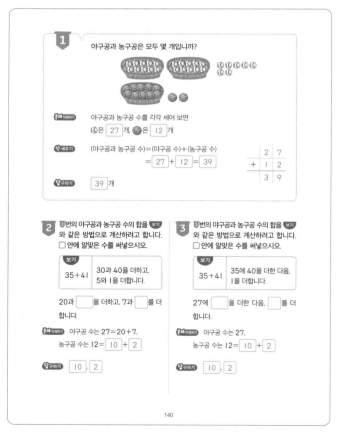

1 야구공과 농구공은 모두 몇 개입니까?

문제 이해하기 야구공과 농구공 수를 각각 세어 보면
🔴은 $\boxed{27}$ 개 🏀은 $\boxed{12}$ 개

식 세우기 (야구공과 농구공 수)=(야구공 수)+(농구공 수)
= $\boxed{27}$ + $\boxed{12}$ = $\boxed{39}$

$$\begin{array}{r} 2\ 7 \\ +\ 1\ 2 \\ \hline 3\ 9 \end{array}$$

답 구하기 $\boxed{39}$ 개

2 ①번의 야구공과 농구공 수의 합을 보기와 같은 방법으로 계산하려고 합니다. □ 안에 알맞은 수를 써넣으시오.

보기
35+41 | 30과 40을 더하고, 5와 1을 더합니다.

20과 □ 을 더하고, 7과 □ 를 더합니다.

문제 이해하기 야구공 수는 27=20+7,
농구공 수는 12= $\boxed{10}$ + $\boxed{2}$

답 구하기 $\boxed{10}$, $\boxed{2}$

3 ①번의 야구공과 농구공 수의 합을 보기와 같은 방법으로 계산하려고 합니다. □ 안에 알맞은 수를 써넣으시오.

보기
35+41 | 35에 40을 더한 다음, 1을 더합니다.

27에 □ 을 더한 다음, □ 를 더합니다.

문제 이해하기 야구공 수는 27,
농구공 수는 12= $\boxed{10}$ + $\boxed{2}$

답 구하기 $\boxed{10}$, $\boxed{2}$

140

4 딸기 우유와 초콜릿 우유는 모두 몇 개입니까?

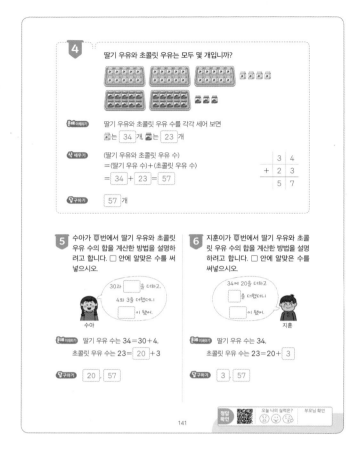

문제 이해하기 딸기 우유와 초콜릿 우유 수를 각각 세어 보면
🍓는 $\boxed{34}$ 개 🍫는 $\boxed{23}$ 개

식 세우기 (딸기 우유와 초콜릿 우유 수)
=(딸기 우유 수)+(초콜릿 우유 수)
= $\boxed{34}$ + $\boxed{23}$ = $\boxed{57}$

$$\begin{array}{r} 3\ 4 \\ +\ 2\ 3 \\ \hline 5\ 7 \end{array}$$

답 구하기 $\boxed{57}$ 개

5 수아가 ④번에서 딸기 우유와 초콜릿 우유 수의 합을 계산한 방법을 설명하려고 합니다. □ 안에 알맞은 수를 써넣으시오.

30과 □ 을 더하고,
4와 3을 더했더니
□ 이 됐어.

수아

문제 이해하기 딸기 우유 수는 34=30+4,
초콜릿 우유 수는 23= $\boxed{20}$ +3

답 구하기 $\boxed{20}$, $\boxed{57}$

6 지훈이가 ④번에서 딸기 우유와 초콜릿 우유 수의 합을 계산한 방법을 설명하려고 합니다. □ 안에 알맞은 수를 써넣으시오.

34에 20을 더하고,
□ 을 더했더니
□ 이 됐어.

지훈

문제 이해하기 딸기 우유 수는 34,
초콜릿 우유 수는 23=20+ $\boxed{3}$

답 구하기 $\boxed{3}$, $\boxed{57}$

정답
확인 | 오늘 나의 실력은? | 부모님 확인

141

재미있는
**수학
놀이터** **이상한 신호등**

4개의 신호등이 있어요. 이 신호등에는 규칙이 숨어 있지요.
규칙을 찾아 신호등의 빈 곳에 숫자를 써 주세요.

• 신호등 규칙: (빨간 신호등에 적힌 수)+(노란 신호등에 적힌 수)=(초록 신호등에 적힌 수)

142

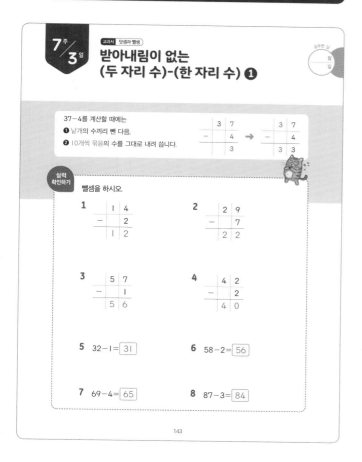

7주
3일

교과서 덧셈과 뺄셈

받아내림이 없는
(두 자리 수)-(한 자리 수) ❶

37-4를 계산할 때에는
❶ 낱개의 수끼리 뺀 다음,
❷ 10개씩 묶음의 수를 그대로 내려 씁니다.

실력
확인하기

뺄셈을 하시오.

1
```
    1 4
  -   2
    1 2
```

2
```
    2 9
  -   7
    2 2
```

3
```
    5 7
  -   1
    5 6
```

4
```
    4 2
  -   2
    4 0
```

5 32-1= 31

6 58-2= 56

7 69-4= 65

8 87-3= 84

143

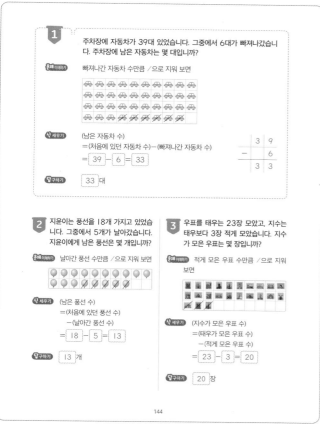

1 주차장에 자동차가 39대 있었습니다. 그중에서 6대가 빠져나갔습니다. 주차장에 남은 자동차는 몇 대입니까?

문제 이해하기 빠져나간 자동차 수만큼 /으로 지워 보면

식 세우기 (남은 자동차 수)
=(처음에 있던 자동차 수)-(빠져나간 자동차 수)
= 39 - 6 = 33

```
    3 9
  -   6
    3 3
```

답구하기 33 대

2 지윤이는 풍선을 18개 가지고 있었습니다. 그중에서 5개가 날아갔습니다. 지윤이에게 남은 풍선은 몇 개입니까?

문제 이해하기 날아간 풍선 수만큼 /으로 지워 보면

식 세우기 (남은 풍선 수)
=(처음에 있던 풍선 수)
  -(날아간 풍선 수)
= 18 - 5 = 13

답구하기 13 개

3 우표를 태우는 23장 모았고, 지수는 태우보다 3장 적게 모았습니다. 지수가 모은 우표는 몇 장입니까?

문제 이해하기 적게 모은 우표 수만큼 /으로 지워 보면

식 세우기 (지수가 모은 우표 수)
=(태우가 모은 우표 수)
  -(적게 모은 우표 수)
= 23 - 3 = 20

답구하기 20 장

144

4 뺄셈을 해 보고 다음에 올 뺄셈식을 써 보시오.

48-2= [ ] 47-2= [ ] 46-2= [ ] - [ ] = [ ]

문제 이해하기 빼는 수만큼 모형에서 덜어 내 보면

48-2에서
빼는 수는 2!

48-2   47-2   46-2

답구하기 (왼쪽에서부터) 46 , 45 , 44 , 45 - 2 = 43

5 뺄셈을 해 보고 다음에 올 뺄셈식을 써 보시오.

27-4= [ ] 26-4= [ ]
25-4= [ ] , [ ] - [ ] = [ ]

문제 이해하기 빼는 수만큼 모형에서 덜어 내 보면

27-4   26-4   25-4

답구하기 (위에서부터) 23 , 22 , 21
24 - 4 = 20

6 뺄셈을 하고 □ 안에 알맞은 수를 써 넣으시오.

35-3= [ ] , 34-3= [ ]
33-3= [ ]

차가 [ ]씩 작아집니다.

문제 이해하기 빼는 수만큼 모형에서 덜어 내 보면

35-3   34-3   33-3

답구하기 (위에서부터) 32 , 31 , 30

1

145

재미있는
수학
놀이터

나이가 가장 적은 사람은?

미래와 대한이가 가족사진을 보고 있네요.
두 친구의 부모님 중에서 나이가 가장 적은 사람은 누구인지 ○표 해 보세요.

우리 어머니는 39살이야.
우리 아버지는 어머니보다
다섯 살 어려.
(미래 아버지의 나이)
=39 - 5
=34(살)

우리 아버지는 38살이야.
우리 어머니는 아버지보다
세 살 어려.
(대한이 어머니의 나이)=38-3
=35(살)

미래   대한

미래와 대한이의 부모님 중에서 나이가 가장 적은 사람은
(미래 , 대한이)의 (아버지 , 어머니)입니다.

146

33

7주 4일

교과서 덧셈과 뺄셈

받아내림이 없는
(두 자리 수)-(한 자리 수) ❷

1 🔷 모양에 적힌 두 수의 차를 구하시오.

문제 이해하기 🔷 모양에 적힌 두 수는 6 , 96 입니다.

식 세우기 (🔷 모양에 적힌 두 수의 차)
= 96 − 6 = 90

답 구하기 90

2 🟦 모양에 적힌 두 수의 차를 구하시오.

문제 이해하기 🟦 모양에 적힌 두 수는 4, 38

식 세우기 (🟦 모양에 적힌 두 수의 차)
= 38 − 4 = 34

답 구하기 34

147

3 은지네 반 학생은 모두 27명입니다. 아침 활동 시간에 교실에서 책을 읽는 학생은 몇 명입니까?

문제 이해하기 책을 읽는 학생은 이어달리기 연습을 하지 않는 학생입니다.

식 세우기 (책을 읽는 학생 수)=(전체 학생 수)−(이어달리기 연습을 하는 학생 수)
= 27 − 5 = 22

답 구하기 22 명

4 사과가 39개 있습니다. 잼을 만드는 데 필요한 사과는 몇 개입니까?

〈요리 교실〉
•사과 6개: 주스 만들기
•나머지 사과: 잼 만들기

문제 이해하기 잼을 만드는 데 필요한 사과는 주스를 만들지 않는 사과입니다.

식 세우기 (잼을 만드는 데 필요한 사과 수)
=(전체 사과 수)−(주스를 만드는 데 필요한 사과 수)
=39−6=33

답 구하기 33개

148

5 계산 결과에 맞게 상자에서 수를 하나씩 골라 □ 안에 써넣으시오.

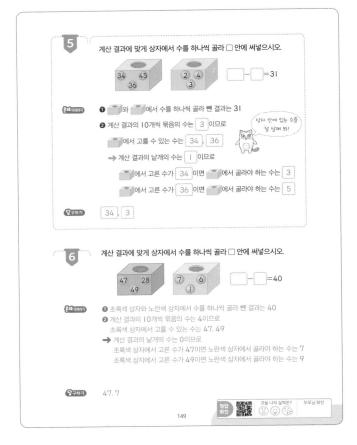

□ − □ =31

문제 이해하기 ❶ 🔴 와 🟦 에서 수를 하나씩 골라 뺀 결과는 31

❷ 계산 결과의 10개씩 묶음의 수는 3 이므로

🔴 에서 고를 수 있는 수는 34 , 36

➡ 계산 결과의 낱개의 수는 1 이므로

🔴 에서 고른 수가 34 이면 🟦 에서 골라야 하는 수는 3

🔴 에서 고른 수가 36 이면 🟦 에서 골라야 하는 수는 5

답 구하기 34 , 3

6 계산 결과에 맞게 상자에서 수를 하나씩 골라 □ 안에 써넣으시오.

□ − □ =40

문제 이해하기 ❶ 초록색 상자와 노란색 상자에서 수를 하나씩 골라 뺀 결과는 40

❷ 계산 결과의 10개씩 묶음의 수는 4이므로
초록색 상자에서 고를 수 있는 수는 47, 49

➡ 계산 결과의 낱개의 수는 0이므로
초록색 상자에서 고른 수가 47이면 노란색 상자에서 골라야 하는 수는 7
초록색 상자에서 고른 수가 49이면 노란색 상자에서 골라야 하는 수는 9

답 구하기 47, 7

149

재미있는 수학 놀이터 **다람쥐의 하루**

다람쥐가 도토리 29개를 사서 집으로 가고 있어요.
집으로 가는 도중 여러 친구를 만나 도토리를 주었어요.
다람쥐가 집에 도착했을 때 남은 도토리는 모두 몇 개인지 쓰세요.

150

34

7주 5일 [교과서 덧셈과 뺄셈] 받아내림이 없는 (두 자리 수)-(두 자리 수) ❶

36-24를 계산할 때에는
❶ 낱개의 수끼리 뺀 다음,
❷ 10개씩 묶음의 수끼리 뺍니다.

$$\begin{array}{r} 3\ 6 \\ -\ 2\ 4 \\ \hline 2 \end{array} \rightarrow \begin{array}{r} 3\ 6 \\ -\ 2\ 4 \\ \hline 1\ 2 \end{array}$$

실력 확인하기 뺄셈을 하시오.

1.
$$\begin{array}{r} 5\ 0 \\ -\ 2\ 0 \\ \hline 3\ 0 \end{array}$$

2.
$$\begin{array}{r} 2\ 7 \\ -\ 1\ 5 \\ \hline 1\ 2 \end{array}$$

3.
$$\begin{array}{r} 4\ 8 \\ -\ 3\ 3 \\ \hline 1\ 5 \end{array}$$

4.
$$\begin{array}{r} 6\ 1 \\ -\ 4\ 1 \\ \hline 2\ 0 \end{array}$$

5. 35-12= $\boxed{23}$

6. 45-31= $\boxed{14}$

7. 77-32= $\boxed{45}$

8. 68-40= $\boxed{28}$

151

---

1 운동장에 축구공이 30개 있고, 야구공이 10개 있습니다. 축구공은 야구공보다 몇 개 더 많습니까?

문제 이해하기 축구공과 야구공을 짝 지어 보면

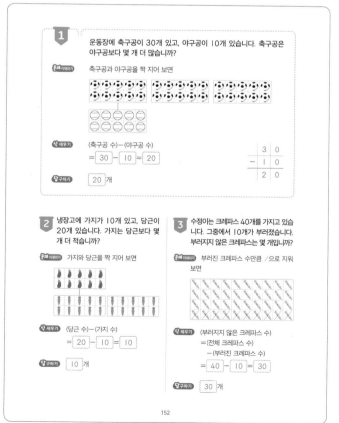

식 세우기 (축구공 수)-(야구공 수)
= $\boxed{30}$ - $\boxed{10}$ = $\boxed{20}$

$$\begin{array}{r} 3\ 0 \\ -\ 1\ 0 \\ \hline 2\ 0 \end{array}$$

답구하기 $\boxed{20}$ 개

2 냉장고에 가지가 10개 있고, 당근이 20개 있습니다. 가지는 당근보다 몇 개 더 적습니까?

문제 이해하기 가지와 당근을 짝 지어 보면

식 세우기 (당근 수)-(가지 수)
= $\boxed{20}$ - $\boxed{10}$ = $\boxed{10}$

답구하기 $\boxed{10}$ 개

3 수정이는 크레파스 40개를 가지고 있습니다. 그중에서 10개가 부러졌습니다. 부러지지 않은 크레파스는 몇 개입니까?

문제 이해하기 부러진 크레파스 수만큼 /으로 지워 보면

식 세우기 (부러지지 않은 크레파스 수)
=(전체 크레파스 수)
　-(부러진 크레파스 수)
= $\boxed{40}$ - $\boxed{10}$ = $\boxed{30}$

답구하기 $\boxed{30}$ 개

152

---

4 장미 65송이가 있습니다. 그중에서 34송이로 꽃다발을 만들었습니다. 남은 장미는 몇 송이입니까?

문제 이해하기 전체 장미 수 65를 모형으로 나타낼 때, 꽃다발을 만든 장미 수 34만큼 모형을 덜어 내 보면

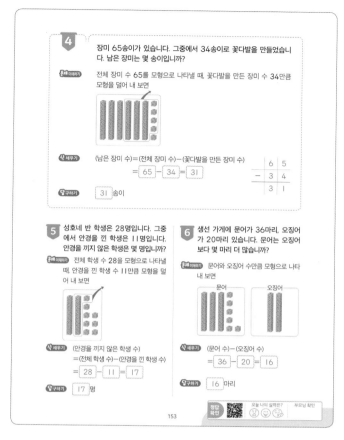

식 세우기 (남은 장미 수)=(전체 장미 수)-(꽃다발을 만든 장미 수)
= $\boxed{65}$ - $\boxed{34}$ = $\boxed{31}$

$$\begin{array}{r} 6\ 5 \\ -\ 3\ 4 \\ \hline 3\ 1 \end{array}$$

답구하기 $\boxed{31}$ 송이

5 성호네 반 학생은 28명입니다. 그중에서 안경을 낀 학생은 11명입니다. 안경을 끼지 않은 학생은 몇 명입니까?

문제 이해하기 전체 학생 수 28을 모형으로 나타낼 때, 안경을 낀 학생 수 11만큼 모형을 덜어 내 보면

식 세우기 (안경을 끼지 않은 학생 수)
=(전체 학생 수)-(안경을 낀 학생 수)
= $\boxed{28}$ - $\boxed{11}$ = $\boxed{17}$

답구하기 $\boxed{17}$ 명

6 생선 가게에 문어가 36마리, 오징어가 20마리 있습니다. 문어는 오징어보다 몇 마리 더 많습니까?

문제 이해하기 문어와 오징어 수만큼 모형으로 나타내 보면

문어　　오징어

식 세우기 (문어 수)-(오징어 수)
= $\boxed{36}$ - $\boxed{20}$ = $\boxed{16}$

답구하기 $\boxed{16}$ 마리

153

재미있는 수학 놀이터 재미있는 게임

게임 속 공룡은 이동할 때마다 체력이 떨어져요.
다음과 같이 이동했을 때 공룡의 체력은 몇인지 써 보세요.

↑ : -5　　↓ : -4
← : -21　　→ : -12

체력 99
-12
99-12=87
-4
87-4=83　체력 $\boxed{71}$
-12
83-12=71

154

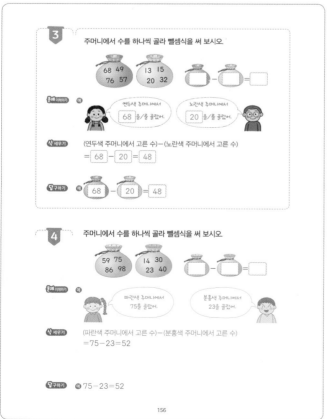

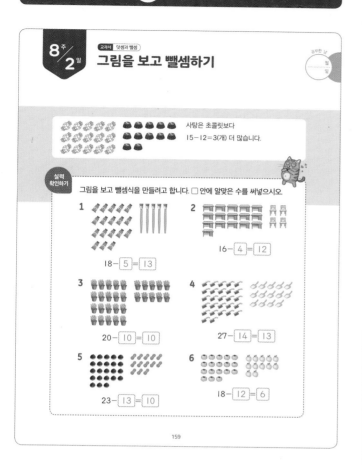

8주 2일 교과서 덧셈과 뺄셈
그림을 보고 뺄셈하기

사탕은 초콜릿보다
15−12=3(개) 더 많습니다.

실력 확인하기
그림을 보고 뺄셈식을 만들려고 합니다. □ 안에 알맞은 수를 써넣으시오.

1 18−[5]=[13]

2 16−[4]=[12]

3 20−[10]=[10]

4 27−[14]=[13]

5 23−[13]=[10]

6 18−[12]=[6]

159

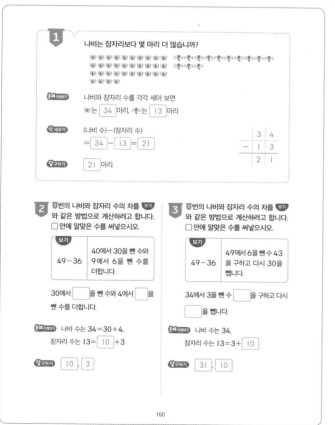

1 나비는 잠자리보다 몇 마리 더 많습니까?

문제 이해하기 나비와 잠자리 수를 각각 세어 보면
나비는 [34] 마리, 잠자리는 [13] 마리

식 세우기 (나비 수)−(잠자리 수)
=[34]−[13]=[21]

답 구하기 [21] 마리

$$\begin{array}{r} 3\ 4 \\ -\ 1\ 3 \\ \hline 2\ 1 \end{array}$$

2 1번의 나비와 잠자리 수의 차를 보기와 같은 방법으로 계산하려고 합니다. □ 안에 알맞은 수를 써넣으시오.

보기
49−36
40에서 30을 뺀 수와 9에서 6을 뺀 수를 더합니다.

30에서 을 뺀 수와 4에서 을 뺀 수를 더합니다.

문제 이해하기 나비 수는 34=30+4, 잠자리 수는 13=[10]+3

답 구하기 [10], 3

3 1번의 나비와 잠자리 수의 차를 보기와 같은 방법으로 계산하려고 합니다. □ 안에 알맞은 수를 써넣으시오.

보기
49−36
49에서 6을 뺀 수 43을 구하고 다시 30을 뺍니다.

34에서 3을 뺀 을 구하고 다시 을 뺍니다.

문제 이해하기 나비 수는 34, 잠자리 수는 13=3+[10]

답 구하기 [31], [10]

160

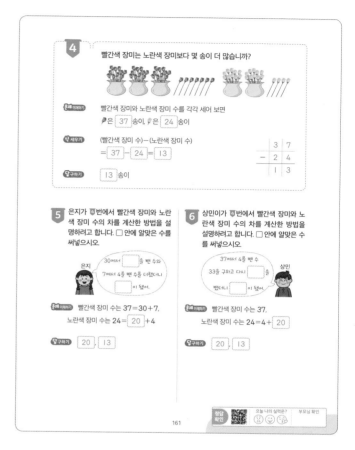

4 빨간색 장미는 노란색 장미보다 몇 송이 더 많습니까?

문제 이해하기 빨간색 장미와 노란색 장미 수를 각각 세어 보면
빨간은 [37] 송이, 노란은 [24] 송이

식 세우기 (빨간색 장미 수)−(노란색 장미 수)
=[37]−[24]=[13]

답 구하기 [13] 송이

$$\begin{array}{r} 3\ 7 \\ -\ 2\ 4 \\ \hline 1\ 3 \end{array}$$

5 은지가 4번에서 빨간색 장미와 노란색 장미 수의 차를 계산한 방법을 설명하려고 합니다. □ 안에 알맞은 수를 써넣으시오.

은지
30에서 □을 뺀 수와 7에서 4를 뺀 수를 더했더니 이 됐어

문제 이해하기 빨간색 장미 수는 37=30+7, 노란색 장미 수는 24=[20]+4

답 구하기 [20], [13]

6 상민이가 4번에서 빨간색 장미와 노란색 장미 수의 차를 계산한 방법을 설명하려고 합니다. □ 안에 알맞은 수를 써넣으시오.

상민
37에서 4을 뺀 수 33을 구하고 다시 □을 뺐더니 이 됐어

문제 이해하기 빨간색 장미 수는 37, 노란색 장미 수는 24=4+[20]

답 구하기 [20], [13]

161

재미있는 **수학 놀이터**

보석의 가격은?
동물들이 이용하는 보석 상점이에요.
그런데 오른쪽 보석의 가격표에 가격이 없네요.
동물들이 각각 낸 금액을 보고 오른쪽 보석의 가격표에 가격을 적어 주세요.

[22원] [10원] [30원]

22+10=32
● + ◆
32원

◆ + ◇
40원

10+◆=40,
◆=30

162

37

8주 3일 | □의 값 구하기

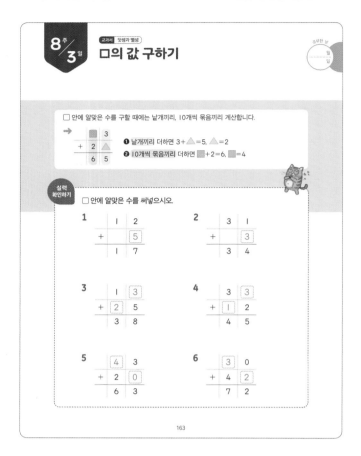

□ 안에 알맞은 수를 구할 때에는 낱개끼리, 10개씩 묶음끼리 계산합니다.

□ 3
\+ 2 △
6 5

❶ 낱개끼리 더하면 3+□=5, △=2
❷ 10개씩 묶음끼리 더하면 □+2=6, □=4

실력 확인하기

□ 안에 알맞은 수를 써넣으시오.

1
1 2
\+ □ 5
1 7

2
3 1
\+ □ 3
3 4

3
1 3
\+ □ 2 5
3 8

4
3 3
\+ □ 1 2
4 5

5
4 3
\+ 2 □ 0
6 3

6
3 0
\+ 4 □ 2
7 2

163

1
어떤 수는 몇십몇입니다. 어떤 수에 13을 더했더니 29가 되었습니다. 어떤 수는 얼마입니까?

어떤 수를 ■△로 나타내 보면
■△+13= 29

조건을 식으로 나타내 보아.

세로셈으로 나타내 보면
■ △
\+ 1 3
2 9

❶ 낱개끼리 더하면 △+3=9, △=6
❷ 10개씩 묶음끼리 더하면 ■+1=2, ■=1

답구하기 16

2 어떤 수는 몇십몇입니다. 어떤 수에 21을 더했더니 45가 되었습니다. 어떤 수는 얼마입니까?

어떤 수를 ■△로 나타내 보면
■△+21= 45

세로셈으로 나타내 보면
■ △
\+ 2 1
4 5

❶ 낱개끼리 더하면
△+1=5, △=4
❷ 10개씩 묶음끼리 더하면
■+2=4, ■=2

답구하기 24

3 어떤 수는 몇십몇입니다. 어떤 수에서 16을 뺐더니 20이 되었습니다. 어떤 수는 얼마입니까?

어떤 수를 ■△로 나타내 보면
■△−16= 20

세로셈으로 나타내 보면
■ △
\− 1 6
2 0

❶ 낱개끼리 빼면
△−6=0, △=6
❷ 10개씩 묶음끼리 빼면
■−1=2, ■=3

답구하기 36

164

4
연못에 개구리 몇 마리가 있었는데 16마리가 더 들어와서 29마리가 되었습니다. 처음 연못에 있던 개구리는 몇 마리입니까?

처음 연못에 있던 개구리 수를 ■△로 나타내 보면
■△+16= 29

세로셈으로 나타내 보면
■ △
\+ 1 6
2 9

❶ 낱개끼리 더하면 △+6=9, △=3
❷ 10개씩 묶음끼리 더하면 ■+1=2, ■=1

답구하기 13 마리

5 윤재네 집에 화분 몇 개가 있었는데 아버지께서 화분 15개를 더 사 오셔서 36개가 되었습니다. 처음 윤재네 집에 있던 화분은 몇 개입니까?

처음에 있던 화분 수를 ■△로 나타내 보면
■△+15= 36

세로셈으로 나타내 보면
■ △
\+ 1 5
3 6

❶ 낱개끼리 더하면
△+5=6, △=1
❷ 10개씩 묶음끼리 더하면
■+1=3, ■=2

답구하기 21 개

6 바구니에 귤이 39개 있었는데 그중에서 몇 개를 먹었더니 23개가 남았습니다. 먹은 귤은 몇 개입니까?

먹은 귤 수를 ■△로 나타내 보면
39−■△= 23

세로셈으로 나타내 보면
3 9
\− ■ △
2 3

❶ 낱개끼리 빼면
9−△=3, △=6
❷ 10개씩 묶음끼리 빼면
3−■=2, ■=1

답구하기 16 개

165

수학 놀이터 | 버스 요금은 얼마?

코끼리와 호랑이, 기린이 공원에 가려고 함께 버스에 탔어요.
공원에 도착한 동물 친구들이 버스에서 내리려고 카드를 찍고 있네요.
기린의 버스 카드에 남은 돈은 얼마인지 쓰세요.

원래 있던 돈 65원
버스 요금 ?원
남은 돈 43원

원래 있던 돈 57원
버스 요금 ?원
남은 돈 35원

원래 있던 돈 46원
버스 요금 ?원
남은 돈 24 원

버스 요금을 □△로 나타내 보면
65−□△=43
□△=22

57−22=35

46−22=24

166

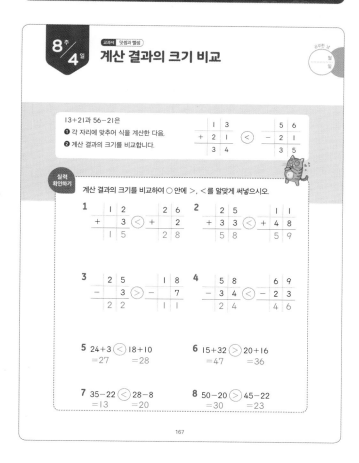

8주/4일 교과서 덧셈과 뺄셈
계산 결과의 크기 비교

13+21과 56-21은
❶ 각 자리에 맞추어 식을 계산한 다음,
❷ 계산 결과의 크기를 비교합니다.

$$\begin{array}{cc}1&3\\+\;2&1\\\hline 3&4\end{array}\;<\;\begin{array}{cc}5&6\\-\;2&1\\\hline 3&5\end{array}$$

실력 확인하기
계산 결과의 크기를 비교하여 ○ 안에 >, <를 알맞게 써넣으시오.

1
$$\begin{array}{cc}1&2\\+&3\\\hline 1&5\end{array}\;<\;\begin{array}{cc}2&6\\+&2\\\hline 2&8\end{array}$$

2
$$\begin{array}{cc}2&5\\+\;3&3\\\hline 5&8\end{array}\;<\;\begin{array}{cc}1&1\\+\;4&8\\\hline 5&9\end{array}$$

3
$$\begin{array}{cc}2&5\\-&3\\\hline 2&2\end{array}\;>\;\begin{array}{cc}1&8\\-&7\\\hline 1&1\end{array}$$

4
$$\begin{array}{cc}5&8\\-\;3&4\\\hline 2&4\end{array}\;<\;\begin{array}{cc}6&9\\-\;2&3\\\hline 4&6\end{array}$$

5 24+3 < 18+10
  =27   =28

6 15+32 > 20+16
  =47   =36

7 35-22 < 28-8
  =13   =20

8 50-20 > 45-22
  =30   =23

167

1 효준이와 지수 중 누가 구슬을 더 적게 가지고 있는지 써 보시오.

효준: 내가 가지고 있는 구슬은 52개야.
지수: 내가 가지고 있는 구슬은 32개보다 14개 더 많아.

문제 이해하기
지수가 가지고 있는 구슬 수를 구한 다음, 효준이가 가지고 있는 구슬 수 52 와 비교합니다.

식 세우기
(지수가 가지고 있는 구슬 수)=32+(더 많은 구슬 수)
=32+ 14 = 46

답 구하기 지수

2 준성이와 예지 중 누구네 반 학생 수가 더 많은지 써 보시오.

준성: 우리 반은 남학생이 15명, 여학생이 12명이야.
예지: 우리 반은 30명이야.

문제 이해하기
준성이네 반 학생 수를 구한 다음, 예지네 반 학생 수 30 과 비교합니다.

식 세우기 (준성이네 반 학생 수)
=(남학생 수)+(여학생 수)
= 15 + 12 = 27

답 구하기 예지

3 은주와 지혜 중 누가 색종이를 더 많이 가지고 있는지 써 보시오.

은주: 나는 작은 색종이 23장, 큰 색종이 26장을 가지고 있어.
지혜: 나는 색종이가 31장보다 16장 더 많아.

문제 이해하기
은주와 지혜가 가지고 있는 색종이 수를 구한 다음, 계산 결과를 비교합니다.

식 세우기
• (은주의 색종이 수)
=(작은 색종이 수)+(큰 색종이 수)
= 23 + 26 = 49
• (지혜의 색종이 수)
=31+(더 많은 색종이 수)
=31+ 16 = 47

답 구하기 은주

168

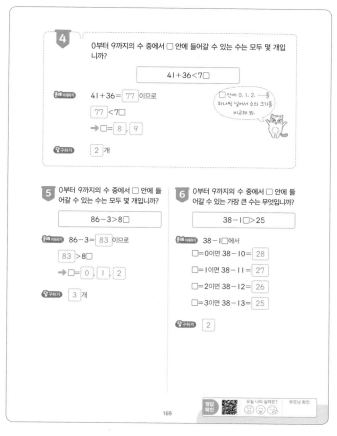

4 0부터 9까지의 수 중에서 □ 안에 들어갈 수 있는 수는 모두 몇 개입니까?

41+36<7□

문제 이해하기
41+36= 77 이므로
77 <7□
→□= 8 , 9

□ 안에 0, 1, 2, ……를 하나씩 넣어서 수의 크기를 비교해 봐.

답 구하기 2 개

5 0부터 9까지의 수 중에서 □ 안에 들어갈 수 있는 수는 모두 몇 개입니까?

86-3>8□

문제 이해하기 86-3= 83 이므로
83 >8□
→□= 0 , 1 , 2

답 구하기 3 개

6 0부터 9까지의 수 중에서 □ 안에 들어갈 수 있는 가장 큰 수는 무엇입니까?

38-1□>25

문제 이해하기 38-1□에서
□=0이면 38-10= 28
□=1이면 38-11= 27
□=2이면 38-12= 26
□=3이면 38-13= 25

답 구하기 2

169

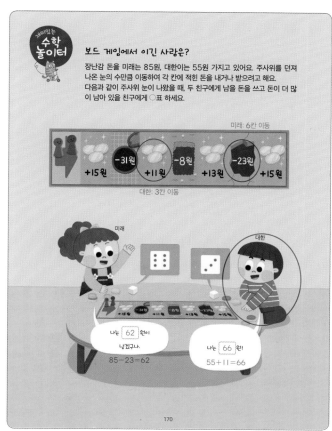

재미있는 수학 놀이터
보드 게임에서 이긴 사람은?

장난감 돈을 미래는 85원, 대한이는 55원 가지고 있어요. 주사위를 던져 나온 눈의 수만큼 이동하여 각 칸에 적힌 돈을 내거나 받으려고 해요. 다음과 같이 주사위 눈이 나왔을 때, 두 친구에게 남은 돈을 쓰고 돈이 더 많이 남아 있는 친구에게 ○표 하세요.

미래: 6칸 이동
+15원 -31원 +11원 -8원 +13원 -23원 +15원
대한: 3칸 이동

나는 62 원이 남겠구나.
85-23=62

나는 66 원!
55+11=66

170

8주/5일 단원 마무리

01 태호 할머니의 연세는 65세이고 할아버지는 할머니보다 2세 더 많습니다. 태호 할아버지의 연세는 몇 세입니까?

문제 이해하기 할아버지 연세를 모형으로 나타내어 보면

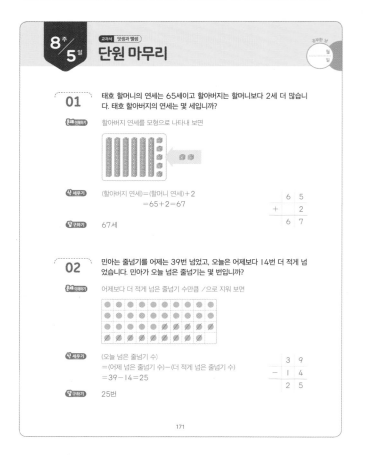

식 세우기
(할아버지 연세)=(할머니 연세)+2
=65+2=67

$$\begin{array}{r} 6\ 5 \\ +\ \ \ 2 \\ \hline 6\ 7 \end{array}$$

답 구하기 67세

02 민아는 줄넘기를 어제는 39번 넘었고, 오늘은 어제보다 14번 더 적게 넘었습니다. 민아가 오늘 넘은 줄넘기는 몇 번입니까?

문제 이해하기 어제보다 더 적게 넘은 줄넘기 수만큼 /으로 지워 보면

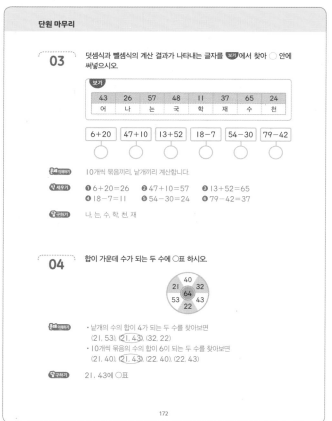

식 세우기
(오늘 넘은 줄넘기 수)
=(어제 넘은 줄넘기 수)-(더 적게 넘은 줄넘기 수)
=39-14=25

$$\begin{array}{r} 3\ 9 \\ -\ 1\ 4 \\ \hline 2\ 5 \end{array}$$

답 구하기 25번

171

단원 마무리

03 덧셈식과 뺄셈식의 계산 결과가 나타내는 글자를 보기에서 찾아 ○ 안에 써넣으시오.

보기							
43	26	57	48	11	37	65	24
어	나	는	국	학	재	수	천

6+20	47+10	13+52	18-7	54-30	79-42
○	○	○	○	○	○

문제 이해하기 10개씩 묶음끼리, 낱개끼리 계산합니다.

식 세우기
❶ 6+20=26 ❷ 47+10=57 ❸ 13+52=65
❹ 18-7=11 ❺ 54-30=24 ❻ 79-42=37

답 구하기 나, 는, 수, 학, 천, 재

04 합이 가운데 수가 되는 두 수에 ○표 하시오.

문제 이해하기
• 낱개의 수의 합이 4가 되는 두 수를 찾아보면
(21, 53), (21, 43), (32, 22)
• 10개씩 묶음의 수의 합이 6이 되는 두 수를 찾아보면
(21, 40), (21, 43), (22, 40), (22, 43)

답 구하기 21, 43에 ○표

172

---

05 4장의 수 카드 중에서 2장을 골라 두 수의 차를 구하려고 합니다. 차가 가장 큰 뺄셈식을 만들어 보시오.

| 2 | 76 | 5 | 43 | □ - □ = □

문제 이해하기
❶ 두 수의 차가 가장 크려면 가장 큰 수에서 가장 작은 수를 빼야 합니다.
❷ 수 카드에 적힌 수의 크기를 비교해 보면 76>43>5>2

식 세우기 (가장 큰 수)-(가장 작은 수)=76-2=74

답 구하기 76-2=74

06 벌이 43마리, 나비가 25마리 있습니다. 벌과 나비가 모두 몇 마리인지 여러 가지 방법으로 구하려고 합니다. □ 안에 알맞은 수를 써넣으시오.

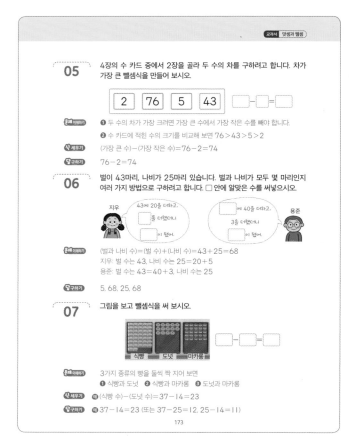

식 세우기 (벌과 나비 수)=(벌 수)+(나비 수)=43+25=68
지우: 벌 수는 43, 나비 수는 25=20+5
용준: 벌 수는 43=40+3, 나비 수는 25

답 구하기 5, 68, 25, 68

07 그림을 보고 뺄셈식을 써 보시오.

식빵 도넛 마카롱

□ - □ = □

문제 이해하기 3가지 종류의 빵을 둘씩 짝 지어 보면
❶ 식빵과 도넛 ❷ 식빵과 마카롱 ❸ 도넛과 마카롱

식 세우기 ⑩ (식빵 수)-(도넛 수)=37-14=23

답 구하기 ⑩ 37-14=23 (또는 37-25=12, 25-14=11)

173

단원 마무리

08 같은 그림은 같은 수를 나타냅니다. 그림이 나타내는 수를 구하시오.

24+4=🐱, 🐱-17=🐭, 🐭+🐭=🐹

문제 이해하기 🐱를 알면 🐭를 구할 수 있고, 🐭를 알면 🐹를 구할 수 있습니다.
➡ 🐱를 먼저 구합니다.

식 세우기
24+4=28이므로 🐱=28
🐱-17=28-17=11이므로 🐭=11
🐭+🐭=11+11=22이므로 🐹=22

답 구하기 🐱=28, 🐭=11, 🐹=22

09 ㉠2와 3㉡은 몇십몇인 수입니다. 두 수의 합이 85일 때 ㉠과 ㉡에 알맞은 수를 각각 구하시오.

| ㉠2 | | 3㉡ |

문제 이해하기 ㉠2와 3㉡의 합이 85이므로 ㉠2+3㉡=85

식 세우기

$$\begin{array}{r} ㉠\ 2 \\ +\ 3\ ㉡ \\ \hline 8\ 5 \end{array}$$

❶ 낱개끼리 더하면 2+㉡=5, ㉡=3
❷ 10개씩 묶음끼리 더하면 ㉠+3=8, ㉠=5

답 구하기 ㉠=5, ㉡=3

10 1부터 9까지의 수 중에서 □ 안에 들어갈 수 있는 수는 모두 몇 개입니까?

21+42<78-1□

문제 이해하기
❶ 21+42=63이므로 63<78-1□
❷ 78-1□에서
□=1이면 78-11=67, □=2이면 78-12=66,
□=3이면 78-13=65, □=4이면 78-14=64,
□=5이면 78-15=63

답 구하기 4개

174

초등 수학 완전 정복 프로젝트

하루한장 쏙셈

구　성 1~6학년 학기별 [12책]

콘셉트 교과서에 따른 수·연산·도형·측정까지 연산력을 향상하는 연산 기본서

키워드 기본 연산력 다지기

하루한장 쏙셈 ➕ 플러스

구　성 1~6학년 학기별 [12책]

콘셉트 문장제부터 창의·사고력 문제까지 수학적 역량을 키우는 연산 응용서

키워드 연산 응용력 키우기

하루한장 쏙셈 분수　　하루한장 쏙셈 소수

구　성 3~6학년 단계별 [분수 2책, 소수 2책]

콘셉트 분수·소수의 개념과 연산 원리를 익히고 연산력을 키우는 쏙셈 영역 학습서

키워드 분수·소수 집중 훈련하기

문해길 원리

구　성 1~6학년 학기별 [12책]

콘셉트 8가지 문제 해결 전략을 익히며 문장제와 서술형을 정복하는 상위권 학습서

키워드 문장제 해결력 강화하기

문해길 심화

구　성 1~6학년 학년별 [6책]

콘셉트 고난도 유형 해결 전략을 익히며 최고 수준에 도전하는 최상위권 학습서

키워드 고난도 유형 해결력 완성하기

www.mirae-n.com

학습하다가 이해되지 않는 부분이나 정오표 등의 궁금한 사항이 있나요?
미래엔 홈페이지에서 해결해 드립니다.

교재 내용 문의
1:1 문의 | 수학 과외쌤 | 자주하는 질문

교재 자료 및 정답
동영상 강의 | 쌍둥이 문제 | 정답과 해설 | 정오표

No.1 New Network
http://cafe.naver.com/mathmap

함께해요!
바른 공부법 캠페인

궁금해요!
교재 질문 & 학습 고민 타파

공부해요!
미래엔 에듀 초·중등 교재

참여해요!
선물이 마구 쏟아지는 이벤트

		초등학교
학년	반	이름